新时代新理念职业教育教材·铁道运输类

“课程思政建设”探索教材

U0881408

高速铁路客运组织

主　编　隋东旭

副主编　王浩泽　刘婷文　王　雪

北京交通大学出版社

·北京·

内容简介

为贯彻立德树人根本任务，本书将思政元素融入专业知识与技能的叙述中，以提升育人效果。本书以教育部新颁布的高等职业学校专业教学标准为依托，涵盖课程核心知识与技能要求，具体内容包括高速铁路站务工作组织、高速铁路乘务工作组织、高速铁路营销工作组织、高速铁路客运服务系统、高速铁路客运管理系统、铁路客运记录与铁路电报、铁路国际旅客联运。

本书适合作为高等职业学校、中等职业学校、技工学校铁道运输类专业的教材，也可作为铁路运输企业的职工培训用书。

图书在版编目（CIP）数据

高速铁路客运组织 / 隋东旭主编. —北京：北京交通大学出版社，2022. 1

ISBN 978-7-5121-4617-4

Ⅰ. ①高…　Ⅱ. ①隋…　Ⅲ. ①高速铁路-客运组织-高等职业教育-教材　Ⅳ. ①U293. 3

中国版本图书馆 CIP 数据核字（2022）第 006822 号

高速铁路客运组织

GAOSU TIELU KEYUN ZUZHI

策划编辑：刘　辉　　责任编辑：刘　辉

出版发行：北京交通大学出版社　电话：010-51686414　http：//www. bjtup. com. cn

地　　址：北京市海淀区高梁桥斜街 44 号　邮编：100044

印 刷 者：北京时代华都印刷有限公司

经　　销：全国新华书店

开　　本：185 mm×260 mm　印张：9　字数：222 千字

版 印 次：2022 年 1 月第 1 版　2022 年 1 月第 1 次印刷

定　　价：39. 80 元

本书如有质量问题，请向北京交通大学出版社质监组反映。对您的意见和批评，我们表示欢迎和感谢。

投诉电话：010-51686043，51686008；传真：010-62225406；E-mail：press@bjtu.edu.cn。

前　　言

近年来，我国高速铁路事业取得了举世瞩目的成就。高速铁路客运组织工作在提升高速铁路运输服务水平、满足旅客出行需求、维护高速铁路运输安全等方面具有极其重要的作用。为满足铁道交通运营管理、高速铁路客运服务等专业高速铁路客运组织类课程的教学需要，我们组织相关人员编写了本书。

本书共分 7 个项目，分别为高速铁路站务工作组织、高速铁路乘务工作组织、高速铁路营销工作组织、高速铁路客运服务系统、高速铁路客运管理系统、铁路客运记录与铁路电报、铁路国际旅客联运。本书图文并茂，精练实用，具有以下特点。

（1）本书贯彻立德树人根本任务，遵循“课程思政”建设精神要求，将思政元素与专业知识、技能进行融合，对学生进行潜移默化的思想政治教育。

（2）本书按铁路客运服务工作岗位的技能要求、岗位作业标准进行编写，突出铁路客运服务岗位（特别是高速铁路客运服务岗位）所需理论知识的系统性和操作技能的实用性。

（3）本书依托高等职业学校专业教学标准进行编写，适合作为标准中规定的专业核心课程“高速铁路客运组织”的教学用书。

本书由隋东旭担任主编，王浩泽、刘婷文、王雪担任副主编，具体编写分工如下：隋东旭编写项目 1、项目 7；王浩泽编写项目 2、项目 5；刘婷文、王雪编写项目 3、项目 4、项目 6。由于编者水平有限，本书不足之处在所难免，恳请广大读者批评指正。反馈本书意见、建议，以及索取相关教学资源，可与出版社编辑刘辉联系（邮箱：cbslh@jg.bjtu.edu.cn；QQ：39116920）。

编者

2022 年 1 月

目　　录

项目 1

高速铁路站务工作组织

【知识目标】

- 了解高速铁路客运站作业的特点；
- 了解高速铁路客运站售票组织办法；
- 了解高速铁路客运站的作业内容与主要设备。

【技能目标】

- 能够根据高速铁路客运站售票组织知识来完成相关工作；
- 能够根据高速铁路客运站乘降工作组织知识来完成相关工作；
- 能够根据高速铁路客运站旅客服务系统运用与管理知识来完成相关工作。

【学习重点及难点】

• 学习重点：高速铁路客运站的作业特点、高速铁路客运站售票组织办法、高速铁路客运站的作业内容与主要设备。

• 学习难点：高速铁路客运站售票组织、高速铁路客运站乘降工作组织、高速铁路客运站旅客服务系统运用与管理。

【本章知识结构图】

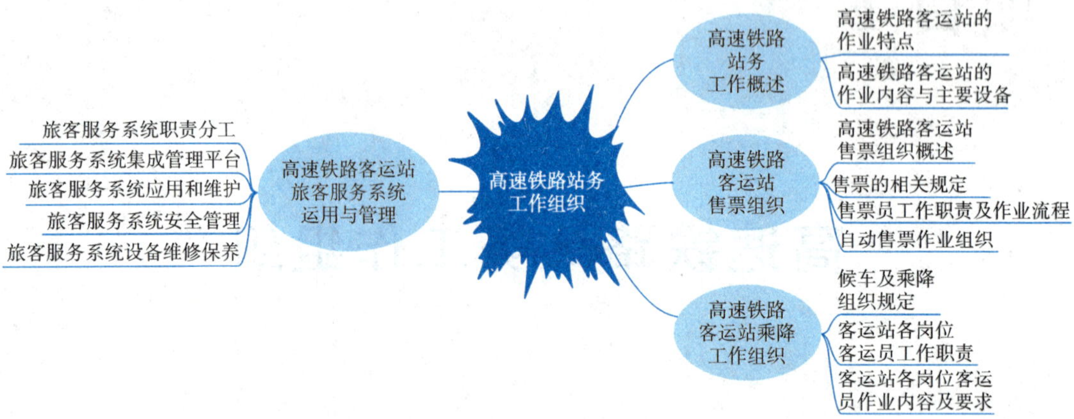
高速铁路站务工作组织
高速铁路客运站旅客服务系统运用与管理
旅客服务系统职责分工
旅客服务系统集成管理平台
旅客服务系统应用和维护
旅客服务系统安全管理
旅客服务系统设备维修保养
高速铁路站务工作概述
高速铁路客运站的作业特点
高速铁路客运站的作业内容与主要设备
高速铁路客运站售票组织
高速铁路客运站售票组织概述
售票的相关规定
售票员工作职责及作业流程
自动售票作业组织
高速铁路客运站乘降工作组织
候车及乘降组织规定
客运站各岗位客运员工作职责
客运站各岗位客运员作业内容及要求

1.1　高速铁路站务工作概述

1.1.1　高速铁路客运站的作业特点

1. 国内高速铁路客运站的作业特点

(1) 客运站作业单一，只办理客运业务，不办理货运业务。高速铁路运营初期，运能会存在一定富余，但由于技术上的原因一般不开行货物列车。日本、法国等国高速铁路只运行客运列车，德国高速铁路虽客货混跑，但货车主要在夜间运行，车站办理的作业主要是通过作业。我国高速铁路（客运专线）大部分也不办理货运。随着时速 350 km 货运动车组于 2020 年 12 月下线，我国高速铁路货运业务将在未来得到发展。

(2) 我国普速旅客列车多挂有行李车和邮政车，目前高速铁路列车不办理行包和邮件的装卸业务。

国外的高速铁路列车一般也不办理行邮作业，其解决办法有两个：一是设置较宽敞的行李架；二是开行专门的行包邮政列车。

我国相当部分客运专线与既有线平行，行包运输问题可以考虑由既有线完成，故高速铁路列车目前暂不办理行邮业务。

(3) 高速铁路客运站作业必须突出安全第一的思想。不停站的高速铁路列车通过车站的速度按设计要求应与在区间运行时相同，停站的列车进入咽喉区的速度也会达到 80 km/h。在客运站，旅客人身安全、列车运行安全、车站员工的安全，以及高速铁路列车养护维修、列车调车作业的安全，都必须严格保障。

(4) 高速铁路客运站作业组织要充分体现“以人为本、方便旅客”的宗旨。客运站是聚集大量旅客的场所，必须做到快速集散客流、尽量减少旅客步行距离，减少旅客滞留时间，提供安全方便的通道。

(5) 高速铁路客运站的客运和行车工作组织要适应高效率快速作业的要求。高速铁路列车停站作业时间很短，列车停站时间最短 1 min，立即折返列车的停站时间往往在 15～25 min之间，必须提高客运站客运和行车组织工作的水平，适应高速铁路列车高效、快速作业的要求。

2. 国外高速铁路客运站的作业特点

1) 日本高速铁路客运站

东京站由 JR 东日本公司所管辖的部分，包括 4 条到发线，咽喉区有 1 个交叉渡线，其每日接发列车达到 298 列，高峰期日接发列车 380 列。东京站的接发车进路全部由 JR 东日本指令本部 COSMOS 系统的列车调度子系统自动办理，车站的运转室正常情况下不办理任何接发车进路，只是起监控和实时了解工作状态的作用，这是东京站拥有如此高的客运接发车效率的主要原因之一。东京站如图 1-1 所示。

图 1-1　东京站

2）德国高速铁路客运站

德国高速铁路客运站实行完全开放的管理模式，没有安全检查和检票系统。车站设有问讯、售票、候车、小件寄存、行李推车等必需的服务设施，大站还设有商店、旅馆、餐厅、书店、银行、邮局等服务设施。与异常发达的商业功能相比，车站候车功能较弱。

莱比锡站如图 1-2 所示。柏林火车站内部如图 1-3 所示。

图 1-2　莱比锡站

3）法国高速铁路客运站

法国高速铁路实现了站、票分离，车站业务主要分为两部分，即客运服务和列车到发调车作业，其不负责售票，但设有自动售票机，也就是说经营业务不归车站负责。里昂火车站自动售票机如图 1-4 所示。

图 1-3　柏林火车站内部

（a）自动售票机1　　（b）自动售票机2　　（c）自动售票机界面

图 1-4　里昂火车站自动售票机

在既有线车站上，股道固定使用，车站值班员根据运行图安排接发列车、设置调车股道占用计划，由行车和客运作业人员在现场组织；在高速线路车站上，不设行车人员接发列车，在站台上设客运服务人员接发列车。法国巴黎北站如图 1-5 所示。

图 1-5　法国巴黎北站

1.1.2　高速铁路客运站的作业内容与主要设备

1. 高速铁路客运站的作业内容

1）客运服务作业

客运服务作业包括旅客进出站、安检、候车、问讯、小件行李寄存，以及为改善旅客候车环境和丰富旅客文化生活而提供的饮水、卫生、影视、音乐等方面的服务。

2）客运营销业务

客运营销业务主要是指售票业务，包括自动售票机售票、人工窗口售票等。

3）客运技术作业

客运技术作业包括动车组接发、列车技术检查、动车组上水、餐料供应等。

2. 高速铁路客运站的主要设备

客运站由站房、站场及站前广场组成。

1）站房

站房是客运站的主体，包括为旅客服务的各种用房，开展运营管理工作所需的各种技术办公用房。

站房应根据客运量设置为旅客服务和客运生产、管理、办公、生活及驻站单位使用的各类房舍和设施，如售票厅、票库、问讯处、暂存处等房舍，还应有阅览室、广播室、计算机房、监控室、医务室、售货部、饮水处、厕所、工作人员休息室等必要设施，还应为残疾旅客设置无障碍通道。较大车站上、下通道应设置自动扶梯、电梯。另外，还可根据需要，设置贵宾室、软席候车室、母婴候车室、军人候车室和旅客餐厅。贵阳北站站房如图 1-6 所示。上海虹桥站站房如图 1-7 所示。

图 1-6　贵阳北站站房

（a）站房外部

（b）站房内部

图 1-7　上海虹桥站站房

2）站场

站场是办理客运技术作业的场所，也是旅客的集散地点。站场内应具备各类站线、站台、雨棚、照明、给排水、栅栏（围墙）、跨线设备（天桥、地道）和垃圾处理等设施。这些设施的布置应能满足安全需要，并应能合理地组织旅客流线。广州南站站场如图 1-8 所示。

图 1-8　广州南站站场

3）站前广场

站前广场是客运站与城市联系的“纽带”，应包括旅客和各种车辆集散的场地，旅客活动地带和相应的绿化区域，并应考虑远期规划用地需求。另外，站前广场应增设供旅客使用的各种服务性设施，如售货亭、餐厅和公共厕所等。站前广场效果图如图 1-9 所示。南京南站站前广场如图 1-10 所示。

图 1-9　站前广场效果图

图 1-10 南京南站站前广场

1.2 高速铁路客运站售票组织

1.2.1 高速铁路客运站售票组织概述

1. 车站售票窗口

动车组车票在全路计算机联网车站售票窗口通售，并可发售异地票、往返票、联程票。车站售票窗口设有明显的引导和指示标志，方便旅客购票。石家庄火车站售票窗口如图 1-11 所示。

图 1-11 石家庄火车站售票窗口

2. 火车票代售处

火车票代售处是动车组车票营销工作的重要支撑之一，一般在市区人口出行量较大的区域设置火车票代售处。车站应定期向社会公布火车票代售处的营业地址和时间，促进动车组车票的营销工作。火车票代售处标识如图 1-12 所示。

图 1-12　火车票代售处标识

3. 动车组车票发售专窗

车站可设置动车组车票发售专窗。对于开行密度大、同方向连发间隔时间短的列车，还可分车次、分时段、分线别、分到站，设置弹性售票专窗（如京津城际售票专窗、沪宁城际售票专窗），以减少旅客等候时间。

4. 电话订票服务、网络购票服务

可通过电话订票、网络购票等多种方式向旅客发售动车组车票。网络购票界面如图 1-13 所示。

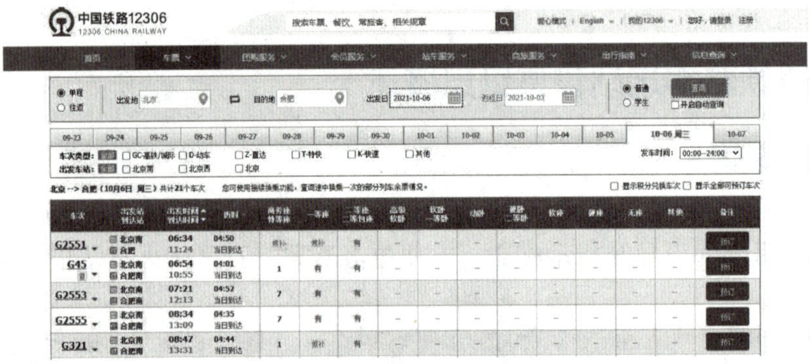

（a）12306网站购票界面

（b）12306App购票界面

图 1-13　网络购票界面

5. 持卡乘车

持中铁银通卡、广深铁路牡丹信用卡的旅客可刷卡乘车。中铁银通卡如图 1-14 所示。

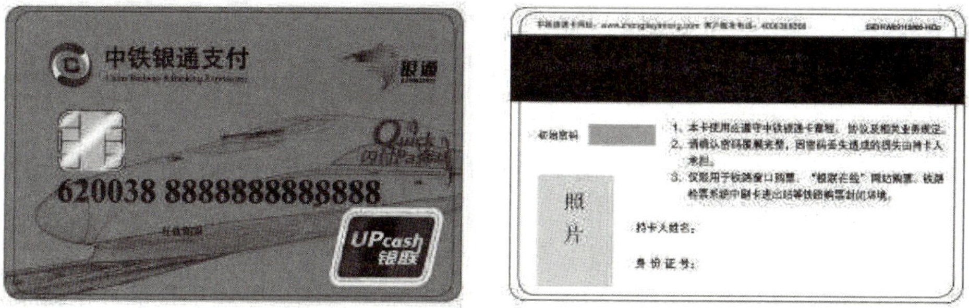

图 1-14　中铁银通卡

6. 自动售票机售票

自动售票机通过旅客自助的方式出售车票，给旅客带来极大的便利。济南站自动售票机如图 1-15 所示。

图 1-15　济南站自动售票机

1. 2. 2　售票的相关规定

1. 预售期

动车组车票的预售期一般为 30 天。从 2021 年春运开始，车票预售期调整为 15 天。

2. 票额管理

直通动车组列车票额集中归口始发局管理，按照运能利用最大化原则，始发局设专人负责票额的日常管理和调整工作，中途局及时向始发局提供客流信息，做好售票组织工作，以保证列车全程的上座率。

直通动车组列车运能有剩余时，始发局应及时将票额调整到有客流需求的中途局（站）。始发局运能不足，须将中途局（站）票额调回始发局时，须报国铁集团批准。

3. 乘车人数通知单

直通动车组列车由车站在开车前打印“乘车人数通知单”一式两份，一份交列车长，一份由列车长加盖姓名章（签字）后，由车站留存备查。

“乘车人数通知单”开始打印时，客票系统自动停止发售该车次车票，有条件的车站要在站台（候车室）配备高速打印机。

目前，各铁路局集团有限公司（以下简称铁路局）正广泛使用“站车交互系统”，列车长携带“站车交互系统”终端机，插入 SIM 卡后，通过中国移动为铁路提供的专用通道，可实现终端机与车站的远程网络连接，进行客票数据接收。

使用“站车交互系统”后，列车长可通过终端机接收座位的出售情况信息，与“乘车人数通知单”相比，“站车交互系统”的使用大大提高了列车空余席位的查询效率。同时，此系统还可杜绝两站重复出售同一席位的问题。除了处理客票信息外，“站车交互系统”终端机还设定了验票程序，可通过直接扫描车票的条码或识别身份证件，显示票面信息，查验车票真伪。

随着“站车交互系统”推行，原有纸质“乘车人数通知单”已基本退出历史舞台。

1.2.3 售票员工作职责及作业流程

1）工作职责

（1）为旅客提供优质服务，根据旅客需求按规定发售车票，办理改签、退票业务。

（2）熟练操作售票设备，设备发生故障时，及时汇报。

（3）按规定做好现金、票据及碳带的请领、使用、保管和交接工作。

（4）严格执行交接制度，正确结算账目，并按规定填报有关报表。

（5）熟练掌握非正常情况下应急售票流程，及时处理本岗位的突发情况。

2）作业流程

（1）按规定统一着装，佩戴标识，做到仪容整洁，精神饱满。

（2）参加班前会，接受任务指示，了解动车组列车运行情况及重点事项，做到任务清楚、重点掌握。

（3）对岗交接，检查本岗位保洁质量、设备设施等情况，做到卫生达标，设备完好，备品定位放置。

（4）根据客流情况和发售规律请领现金、票据和碳带，清点、签认、盖章后，妥善保管。

（5）按规定作业时间开窗售票，做到“不晚开，不早关，作业中不无故离岗”。

（6）正确操作售票设备，发生故障时，及时汇报，做到操作熟练，报修及时。

（7）按照“问、输、收、做、核、交”的六字售票法进行售票，做到速度快、售票准、态度好。

①问：问清到站、日期、车次、座别、张数。

②输：输入日期、车次、发站、到站、票种、张数。

③收：收取票款，确认币面，确认钞票真伪并清点，将票款放于桌面上。

④做：再次与旅客确认购票信息，打印行程信息提示，打印报销凭证（根据旅客需求）。

⑤核：核对票号等车票信息，核对张数及找零款。

⑥交：将行程信息提示、报销凭证（根据旅客需求）和找零款一起递交给旅客，同时唱报到站、张数、找零款。

（8）按照“接、问、输、收、做、核、交”的七字签证法进行改签，做到改签准确无误。

①接：接过有关证件和报销凭证（若已打印），审核原票票种、日期、车次、发到站、有效期、有无涂改。

②问：问清旅客需要签证的日期、车次、到站、座别、张数。

③输：输入需要签证的日期、车次、到站、座别、张数及旅客补差款。

④收：收取票款，确认币面，清点确认，将票款放于桌面上。

⑤做：再次与旅客确认签证信息，打印新的行程信息提示。

⑥核：核对票号是否一致、复核票面、张数及找零款。

⑦交：将行程信息提示、报销凭证（根据旅客需求）和找零款一起递交给旅客，同时唱报到站、张数、找零款。

（9）按照“看、输、核、盖、交”的五字退票法进行退票，做到认真核对，不退无效车票和禁退车票。

①看：确认车票信息是否有效。

②输：输入票号。

③核：核对票面记载项目，确认应退票款。

④盖：加盖“退”字戳记，收回已退车票。

⑤交：将应退票款和退票费用凭证一并递交旅客，同时唱报。

（10）按照“关、点、填、交、核、登”的六字交班法进行交班，做到票、款、账相符，报表内容准确、填写规范。

①关：关窗后停止售票，开始结账操作。

②点：清点售票款，留好备用金。

③填：将售票款输入计算机，填写解款单，清理废票。

④交：将票款交收款员，或由接班售票班长转交收款员。

⑤核：核对废票，随交接单一同上交。

⑥登：登记售票进款、张数。

1.2.4 自动售票作业组织

1. 系统管理

（1）自动售票系统相关业务纳入客票系统统一管理。

（2）客运站利用管理模块对自动售票管理人员权限、基本信息、运营设置、客票业务查询、自动售票交易和统计查询等内容进行管理。

2. 权限及维护

（1）自动售票机原则上只发售客运专线列车的全价票和儿童票，不办理退票、改签和其他减价票发售等业务。

（2）客运站要根据旅客购票需求，合理设定自动售票机的开设数量、安装位置和服务时间。

（3）客运站要充分利用自动售票机显示屏，准确、及时地向旅客发布购票信息。

（4）客运站要设置专窗处理旅客在自助购票过程中出现的各种问题。车站要指定专人监控自动售票机的工作状态，按照规范程序及时更换钱箱、票卷、凭条纸。遇自动售票机发生故障，要按操作规范处理。

3. 收入管理

（1）车站要加强自动售票机的结账管理，明确结账时间、流程等事项，并指定专人负责。

（2）自动售票系统运营管理由点款员、操作员和设备维护员配合完成。点款员负责入钞箱的清点、找零箱的清点和补币；操作员负责更换钱箱、票卷、凭条纸，对自动售票机进行结账操作，处理故障凭条；设备维护员负责对设备进行维护和故障处理。

（3）点款员在清点入钞箱、找零箱和补币时须双人作业，强化自控互控，确保安全。

（4）操作员更换钱箱、票卷时，必须有安保人员到场防护，确保现金、票据安全。

4. 统计分析

（1）自动售票系统在客票系统中设立单独的模块，以独立的模块进行汇总、统计、分析等处理。

（2）客运站要以 24:00 为界，每日对售票系统的信息进行汇总，打印自动售票机作业日报表，并按月归档。

5. 人员培训

（1）自动售票系统的管理和使用人员要经过严格的培训、考试，相关培训内容要记入培训档案。

（2）自动售票系统的管理、使用和维护人员必须完成以下培训内容。

①自动售票系统应用软件的使用。

②自动售票系统管理办法及作业流程。

③设备使用操作及日常维护。

④常见故障分析和应急处理。

6. 应急处理

（1）车站要制订切实可行的应急预案，配备充足的应急设备，并定期组织开展应急预案演练。

（2）自动售票系统发生故障时，工作人员要迅速赶到现场，立即引导旅客到人工窗口办理购票业务，同时通知设备维修单位及时处理。

7. 自动售票业务流程、正常更换作业及异常车票处理作业

1）自助售票、结账作业

（1）自助购票。

①旅客选择并确认购票需求。

②支付票款。

③自动售票机配钞。

④客票系统记录存根后自动售票机打印行程信息提示。

⑤自动售票机找零、压钞。

（2）结账。

①操作员领取准备好的补币箱、硬币回收箱、空入钞箱和纸币找零箱。

②操作员在无人购票时打开自动售票机后门，暂停售票服务。

③操作员登录维护面板后，发出相关操作命令，包括更换入钞箱、更换纸币找零箱、更换补币箱。

④操作员发出结账命令。

⑤自动售票机打印结账凭条。

⑥操作员将更换下来的入钞箱、纸币找零箱、硬币回收箱、补币箱，以及废票和结账凭条收回并进行结账处理。

2）正常更换作业

（1）更换入钞箱。

①操作员领取准备好的空入钞箱。

②在无人购票时打开自动售票机后门，自动售票机暂停服务。

③登录维护界面。

④更换入钞箱。

⑤在维护界面输入新更换的入钞箱的槽位、ID 号。

⑥系统打印入钞箱的更换操作凭条。

⑦操作员将更换下来的入钞箱和操作凭条交给点款员。

（2）更换纸币找零箱。

①操作员领取准备好的纸币找零箱和纸币回收箱。

②在无人购票时打开自动售票机后门，自动售票机暂停服务。

③登录维护界面。

④系统打印纸币找零箱的更换操作凭条。

⑤更换纸币找零箱和纸币回收箱。

⑥在维护界面输入新更换的纸币找零箱的槽位、ID 号、面值、张数。

⑦操作员将更换下来的纸币找零箱、纸币回收箱和操作凭条交点款员。

（3）更换补币箱和硬币回收箱。

①操作员领取补币箱和硬币回收箱。

②在无人购票时打开自动售票机后门，自动售票机暂停服务。

③登录维护界面。

④发出清币命令，等待清币结束。

⑤更换补币箱和硬币回收箱。

⑥在维护界面输入新的补币箱的槽位号、ID 号、面值和枚数。

⑦系统打印补币箱和硬币回收箱的更换操作凭条。

⑧操作员将更换下来的补币箱、硬币回收箱和操作凭条交给点款员。

(4) 更换票卷。

①操作员领取票卷。

②在无人购票时打开自动售票机后门，自动售票机暂停服务。

③登录维护界面。

④更换票卷。

⑤在维护界面输入备用票卷的槽位和首票号。

⑥系统打印更换票卷操作凭条。

3) 正常更换作业

(1) 更换凭条纸卷。

①操作员领取凭条纸卷。

②在无人购票时打开自动售票机后门，自动售票机暂停服务。

③登录维护界面，更换凭条纸卷。

④打印测试纸条，保证凭条打印正常。

(2) 入钞箱清点。

①点款员在收到入钞箱时，根据入钞箱更换凭条清点纸币，并登记。

②当数目不对时需要对入钞款进行对账核查。

(3) 纸币找零箱清点。

①点款员在收到纸币找零箱时，根据纸币找零箱更换凭条清点纸币，并登记。

②当数目不对时需要对纸币找零款进行对账核查。

(4) 硬币回收箱清点。

①点款员在收到硬币回收箱时，根据硬币回收箱更换凭条清点硬币，并登记。

②当数目不对时需要对硬币找零款进行对账核查。

(5) 纸币找零箱纸币装入。

①点款员准备纸币找零箱，向收回的纸币找零箱补充规定面值和规定数目的纸币，并做好登记。

②操作员在领取纸币找零箱时也需要登记确认。

(6) 补币箱硬币装入。

①点款员准备补币箱，向收回的空补币箱补充规定数目的硬币，并做好登记。

②操作员在领取补币箱时也需要登记确认。

4) 异常情况处理作业

(1) 当自动售票机在服务过程中发生如下故障时，将打印故障凭条，暂停服务。

①识钞设备故障，包括卡币、停止工作等。

②纸币找零设备故障，包括卡币、送币失败、停止工作等。

③硬币找零设备故障，包括卡币、停止工作等。

④打印车票设备故障，包括票卷切换故障、打印失败、停止工作等。

⑤客票系统故障，包括存根不能记录等。

(2) 操作员处理故障凭条时，步骤如下。

①操作员记录旅客购买车票的车次、张数、席别和票款，支付的金额和找零的金额等现场情况数据。

②打开自动售票机后门，登录维护界面。

③查看交易日志，检查故障凭条数据。

④处理或通知设备维护员处理自动售票机设备故障。

⑤退还旅客金额并登记。

操作维护界面如图 1-16 所示，更换票卷如图 1-17 所示。

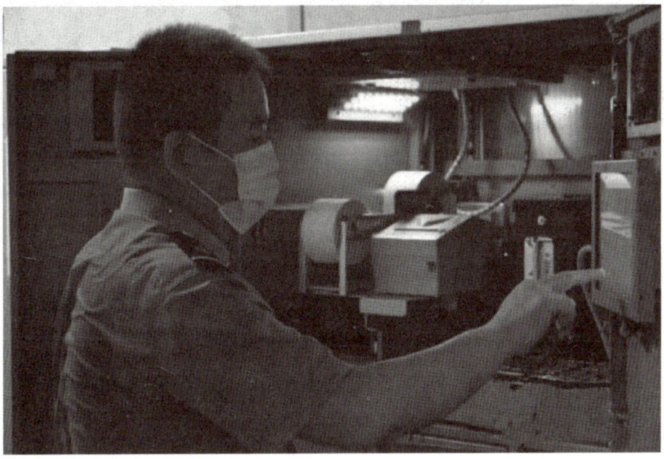

图 1-16　操作维护界面

图 1-17　更换票卷

8. 自动售票机

为实现售票作业自动化，客运站应积极推行自动售票业务。自动售票机原则上只发售动车组车票，打印一张磁介质车票报销凭证的速度不超过 3.5 s。自动售票机如图 1-18 所示。

图 1-18 自动售票机

1）自动售票机的使用步骤

（1）按照显示屏显示的信息，依次选择出发站、到达站、出行日期、出行车次、车票张数和席别。

（2）如需购买返程票可直接点击“购返程票”键，选择所需车次及张数，一次购买。

（3）根据票款提示，放入第四版或第五版人民币纸币。一次交易最多只能接受 15 张纸币。纸币单张逐一插入，当插入纸币不可识别时，识钞器会退出纸币，旅客拿走纸币后，再插入新的纸币。也可以选择银联卡和扫码支付。

（4）购票成功后，在对应槽口取出行程信息提示、找零（使用纸币购票时）。

2）自动售票机操作员工作职责及作业流程

（1）自动售票机操作员工作职责。

①负责自动售票机的使用、管理和报修工作。

②负责引导旅客正确使用自动售票机。

③负责票据及碳带的请领、保管和更换。

④负责自动售票机钱箱的装卸和交接工作。

⑤负责与点款、设备维护等相关人员共同操作自动售票机，严格执行互控制度。

⑥严格执行交接制度，正确结算账目，并按规定填报有关报表。

⑦负责处理本岗位的突发情况。

⑧监督本岗位作业区域的保洁工作质量。

（2）作业流程及要求。

①请领钱箱、票卷和凭条纸卷，做好交接登记，并按操作规程安装。做到登记详细、操作准确。

②启动、调试自动售票机。做到操作正确，确保设备正常运行。

③引导旅客正确使用自动售票机，处理旅客在自助购票过程中出现的问题。做到热情服务、耐心讲解。

④监控自动售票机的使用情况，及时更换钱箱、票卷和凭条纸卷。做到更换及时、操作正

确，确保自动售票机的正常使用。

⑤巡查自动售票机的工作状态，发现异常情况及时处理。无法处理时，通知设备维护员，并做好记录。做到巡查到位、处理及时、记录完整。

⑥结账并退出售票程序，打印结账凭条，按规定上缴票款、票据。做到操作正确、交接及时。

⑦监督、检查责任区域的保洁工作质量。做到检查到位、卫生达标。

对自动售票机进行消毒如图 1-19。

图 1-19　对自动售票机进行消毒

3）旅客信息查询系统

为方便旅客查询相关信息，高速铁路客运站在候车室，进、出站层，售票厅等处安装了电子触摸信息查询系统。该系统有以下功能。

（1）票价查询。

查询列车途经站、里程和票价。

（2）乘车信息查询。

查询车次、发车时间，以及该车次具体候车区域。

（3）站台信息查询。

查询动车组列车停靠站台。

（4）接站信息查询。

通过点击车次可查询该车次到达时刻及停靠站台。

（5）站内导航。

查询高速铁路沿线各大车站的结构、功能、运行情况，以及各车站的平面布置、基本情况。

（6）旅客之家。

查询宾馆信息、商业网点、公交线路等信息。

旅客信息查询系统终端如图 1-20 所示。

图 1-20 旅客信息查询系统终端

1.3 高速铁路客运站乘降工作组织

1.3.1 候车及乘降组织规定

较大客运站应设置动车组旅客专用候车室，有动车组停靠的中间站应设专用候车区，客运专线沿线候车室应按动车组旅客候车室标准设置。动车组旅客候车室设备、设施和服务应符合软席候车室标准。

车站检票口设置自动检票闸机。闸机的数量与布局应当与车站整体规模和客流量相协调。使用自动检票闸机的车站应同时留有人工检票通道。车站应加强进出站通道、站台的封闭管理，防止无票人员上车。自动检票闸机应保证每分钟至少 15 人的通过能力。

自动检票闸机如图 1-21 所示。

动车组列车在站台停靠时间短，对乘降组织工作的要求高，在站台上应标出针对车门的排队位置，以便组织旅客排队快速上下车。车门排队位置标如图 1-22 所示。高速铁路沿线各站场设置了动车组列车停车位置标。该标志采用不锈钢材质，表面涂贴反光膜（漆）。

1.3.2 客运站各岗位客运员工作职责

1. 候车区域客运员工作职责

（1）负责维持正常的候车秩序，引导旅客文明有序候车。

（a）闸机群　　（b）单机

图 1-21　自动检票闸机

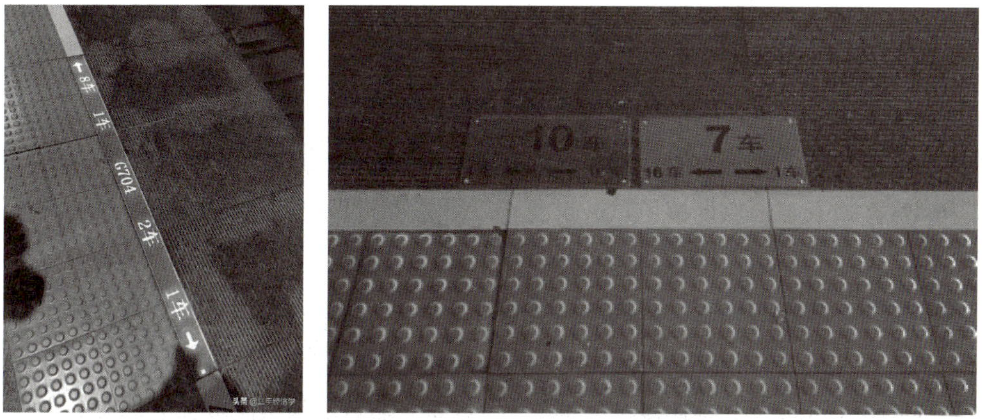

（a）动态显示位置标　　（b）固定位置标

图 1-22　车门排队位置标

（2）负责组织旅客检票进站上车。

（3）负责本区域自动检票机的管理。

（4）负责解答旅客问询，受理旅客投诉。

（5）负责旅客遗失物品及药箱的管理。

（6）负责处理本岗位的突发情况。

（7）负责监督本岗位作业区域的保洁工作质量。

2. 站台客运员工作职责

（1）按规定接送动车组列车。

（2）负责组织旅客安全、有序乘降，并做好相关服务工作。

（3）负责站台闲杂人员的清理。

（4）负责做好站车交接工作和突发事件的应急处理工作。

（5）负责解答旅客问询，受理旅客投诉。

（6）负责监督本岗位作业区域的保洁、上水工作质量。

3. 出站口客运员工作职责

(1) 负责组织旅客检票出站。

(2) 负责区域内闲杂人员的清理，做好旅客出站宣传工作，维持出站秩序。

(3) 负责办理旅客补票业务。

(4) 负责本区域自动检票机及补票机的管理。

(5) 按规定做好现金、票据及碳带的请领、使用、保管和交接工作。

(6) 严格执行交接制度，正确结算账目，并按规定填报有关报表。

(7) 负责解答旅客问询，受理旅客投诉。

(8) 负责处理本岗位的突发情况。

(9) 负责监督本岗位作业区域的保洁工作质量。

1.3.3 客运站各岗位客运员作业内容及要求

客运站各岗位客运员接班前应按规定统一着装，佩戴标识，做到仪容整洁，精神饱满；参加班前会，接受任务指示，了解动车组列车运行情况及重点事项，做到任务清楚、重点掌握；对岗交接，检查本岗位保洁质量、设备设施等情况，做到卫生达标、设备完好、备品定位放置。

1. 候车区客运员作业流程及要求

(1) 引导旅客文明有序候车。做到主动热情、秩序良好。

(2) 巡视候车区域，掌握旅客候车动态，做好重点旅客的细微服务，处理服务过程中的各类问题。做到全面服务、重点照顾。

(3) 执行首问首诉负责制，解答旅客问询，受理旅客投诉。做到用语文明，处理及时。

(4) 检票前，确认自动检票机、广播和导向揭示系统联动状态良好，做好旅客上车前的准备工作。做到检查及时，准备到位。

(5) 引导旅客有序检票进站。确保旅客方便、快捷通行，无误放、漏检。

(6) 做好旅客遗失物品登记、缴交工作。做到公布及时、处理正确。

(7) 做好药箱管理工作。做到登记规范，补充和更换及时。

(8) 遇动车组列车晚点时，做好宣传解释工作，稳定旅客情绪。做到耐心解释，用语规范。

(9) 责任区内出现突发情况，应及时汇报，妥善处理。做到沉着果断，措施得当。

(10) 监督、检查责任区域的保洁工作质量。做到检查到位，卫生达标。

2. 站台客运员作业流程及要求

(1) 维持站台秩序，及时清理站台障碍物和闲杂人员。做到“一车一清”。

(2) 迎送动车组列车时，足踏安全线，面向列车，目迎目送，加强安全防护。做到姿势规范，防护到位。

（3）按规定程序组织、引导旅客乘降，宣传安全事项，照顾重点旅客。中途站应提前组织旅客在站台排队等候。做到安全、有序乘降。

（4）及时与列车长办理交接事项，处理相关客运业务。做到交接清楚、处理得当。

（5）妥善处理突发情况。做到及时汇报、处理得当。

（6）监督、检查给水作业。做到互控到位。

（7）监督、检查责任区域的保洁、上水工作质量。做到检查到位，卫生达标。

3. 出站口客运员作业流程及要求

（1）按时上岗，维持出站口秩序，做好旅客出站宣传工作，及时清理出站口障碍物和闲杂人员。做到通道畅通，旅客通行方便、快捷。

（2）做好自动检票机和补票机的管理工作。做到使用正确，报修及时。

（3）做好补票票据、票款的管理工作。做到票、款、账相符，无票据、票款丢失。

（4）发现旅客违章乘车时按章处理。做到纠正违章态度和蔼，处理问题实事求是。

（5）妥善处理突发情况。做到及时汇报、处理得当。

（6）监督、检查责任区域的保洁工作质量。做到检查到位，卫生达标。

思政课堂

武汉站“头雁”党团员突击队获评“最美铁路人”

2021 年 1 月，中共中央宣传部、中国国家铁路集团有限公司发布“2020 年最美铁路人”先进事迹。武汉站“头雁”党团员突击队获评“最美铁路人”先进集体，邢云堂、刘晓燕、于本蕃、阿西阿呷、孟照林、张波、吴亚东、陈志强、周荣亮、亚库甫·阿沙木都等 10 人获评先进个人。“最美铁路人”是我国铁路行业 300 余万干部职工的优秀代表。

武汉站日均到发旅客 20 万人次。新冠疫情发生后，铁路成为疫情阻击战的重要生命通道，全国三分之一支援武汉的医护人员带着防疫物资经高铁抵达武汉站，再由此转运至各大医院。

医护人员谁来对接，防疫物资谁来转运？“我是党员，我先上”“我身体好，我留下”……武汉站的党员、团员们写下 100 多封请战书，彰显着铁路人的决心和勇气。最终，一支 33 名同志组成的“头雁”党团员突击队成立了，成为转运物资和服务医护人员的“纽带”。

一个个客运员、值班员、计划员变身与病毒赛跑的联络员、搬运工，他们手拿、肩挑、背扛，打通防疫物资运输通道。76 天里，突击队员与生命赛跑，接送 500 多趟动车组，服务 1 万多名医护人员，抢运 3 万余箱防疫物资，没送错一人、没漏掉一件防疫物资，为打赢“武汉保卫战”争取了宝贵的时间。

链接：33 双手托起生命通道

“一个艰难的抉择摆在我们面前：是回家待命，还是冒着风险坚守在铁路抗疫最前线？我想，如果在这个时候选择退缩，一定会后悔一辈子。”2021 年 1 月 27 日晚，代表突击队领奖的武汉站值班站长、33 岁的贾青青动情地说，自己和同事们第一时间向党组织递交了请战书，留在车站抗击疫情。

贾青青没法为去世的父亲守孝，留下母亲独自在家，奔向了武汉站；队长彭开伟瞒着父母赶来……武汉站一个个“头雁”站出来，为转运物资和服务医护人员而留下来，托起了与病毒赛跑的生命通道。

2 月 1 日 17 时 30 分，载有某军区 174 名医护人员及大量医疗物资的 G4633 次专列驶入武汉站。车门一开，突击队排成两列，组成“人力传输带”，将总体积达 70 余立方米的 700 多箱医疗物资全部有序卸下，仅用时 16 分钟，确保没有一件物资损坏。“这些是救命物资，转运时间紧，任务重，必须轻拿轻放。”贾青青说，像 G4633 次这样的专列是少数，多数情况下，载有医疗队和防疫物资的列车都是过路车，队员们必须与时间赛跑，在 3 到 10 分钟的短暂停留时间里，将全部物资搬下来。

贾青青是“接单员”，每天要提前与防疫指挥部沟通，对医疗队人数、物资、出发地、车次、抵达时间、去往医院和指挥部等信息了然于心，并做出规划，一个都不能错。这样的任务单，她每天有 10 至 20 个。从火车上卸下，装上小推车，再运至货车，队长彭开伟领着队员们拼命干，顾不上喝口水、歇口气，胳膊酸疼难忍也不愿停下；身材娇小的胡雪婷一次次搬起 50 多斤重的箱子，累得满头大汗却不吭一声；胖小伙张瑞兆拉着小车又快又稳地把物资运到出站口；联络员张利民总是拿着连接充电宝的手机在站台奔走，平均每天拨打 100 多个电话，日行 2 万多步；刘琦是个“大喇叭”，拿着扩音喇叭接送医护人员，最多一天接送 600 多人，走了 4 万多步，鞋底都跑坏了。

有人问贾青青：“生命究竟有多重？”她回答：100 多吨。贾青青说，这是她与突击队队员每天转运医疗物资的重量，这是生命的补给，生存的希望。

（改编自湖北日报 2021 年 1 月 27 日文章《武汉站“头雁”党团员突击队获评“最美铁路人”》作者：林晶、孟立、陶诚）

1.4 高速铁路客运站旅客服务系统运用与管理

旅客服务系统是指采用信息采集、网络传输、广播、显示等设备，与调度指挥系统、客票发售和预订系统等联网，利用信息集成技术，为旅客进出车站、乘车等提供实时信息，并对各子系统设备进行集中监控和管理的信息系统。

旅客服务系统由集成管理平台（IMP）和导向揭示（PIS）、广播（PA）、监控（VM）、时钟（CLK）、查询（IS）、求助（HP）、站台票发售（PT）、寄存（BLS）等子系统组成。

1.4.1　旅客服务系统职责分工

1. 铁路局客运部门职责

（1）负责旅客服务系统的规划建设、组织管理。

（2）监督、检查和指导旅客服务系统的日常使用、维护管理，建立系统基础台账。

（3）负责设备的购置、更新和维修经费的管理。

（4）负责设备维修保养方式的制定及费用支付审查。

（5）协调组织有关单位做好操作人员上岗培训工作。

2. 铁路局信息技术部门职责

（1）负责参与旅客服务系统的规划建设，提供技术支持和保障。

（2）负责旅客服务系统的主机、存储、网络、机房等计算机设备和软件的专业技术管理、购置、更新、维护和升级工作。

（3）参与审核设备更新、大修计划。

（4）参与旅客服务系统设备故障的处理，指导维修单位进行设备日常维护。

（5）配合使用单位、设备供应商做好操作人员的培训工作。

3. 客运站职责

（1）负责制定旅客服务系统管理细则和作业流程，建立设备管理台账。

（2）负责旅客服务系统的使用、管理、报修，以及基础数据的提供、核对等工作，配合维修单位做好系统的维护和保养工作。

（3）定期收集、分析旅客服务系统的使用情况信息，及时向有关部门反馈。

（4）负责旅客服务系统操作人员的业务、技术培训工作。

4. 维修单位职责

（1）负责旅客服务系统设备日常维修、保养及定期检修工作。

（2）对系统参数、基础数据进行创建、更新和维护。

（3）协助使用单位做好操作人员的培训工作。

1.4.2　旅客服务系统集成管理平台

旅客服务系统集成管理平台是旅客服务系统管理的核心，其对导向揭示、广播、监控、求助、寄存等业务进行集成，与调度指挥系统、票务系统连接，提供综合业务操作，实现信息共享和功能联动。在正常工作情况下，客运站所有的广播、导向揭示、视频监控、求助、信息查询、信息发布、业务维护、设备监控等业务均在集成管理平台上完成，为客运站客运组织工作提供综合信息。

1. 列车到发管理

（1）票务系统每天向集成管理平台发送车次目录和列车停靠站信息，调度指挥系统每天定时向集成管理平台发送列车运行实时信息和预计列车到发信息。

（2）操作人员确认列车到发信息后，集成管理平台根据票务系统和调度指挥系统提供的信息自动生成或调整客运组织计划。

（3）操作人员确认客运组织计划后，由集成管理平台自动生成或调整广播、导向和监控计划，并将客运组织计划发送给自动检票系统和到发通告终端。

2. 广播管理

（1）广播系统自动从集成管理平台获取广播信息，向旅客和工作人员发布。正常情况下进行列车到发信息广播、专题广播、编组广播或其他文字信息语音合成广播。广播系统中消防广播优先级最高。

（2）操作人员对每日广播计划的自动执行情况进行监控，必要时进行人工广播、专题广播和文字转语音（TTS）的选区广播。

（3）操作人员可以对广播区进行分组，可以选择人工话筒与其他形式的广播音源进行混音广播。

3. 导向揭示管理

（1）导向揭示系统自动从集成管理平台获取各类旅客服务信息，在旅客进站、购票、候车、检票、乘车、出站等各个环节为旅客提供及时准确的动、静态信息服务。

（2）操作人员对每日生成的导向计划自动执行情况进行监控，必要时进行人工干预。

4. 监控管理

（1）监控系统实现对站区内的服务对象和服务设备、设施的监控。

（2）操作人员、设备维护人员及相关管理人员可以在监控权限范围内浏览摄像机的实时图像信息。

（3）操作人员可根据监控操作权限，进行视频监控、录像回放、轮巡配置、摄像机配置操作。

（4）按照优先级的高低，具有权限的相关人员可以锁定（解锁）、屏蔽（解除屏蔽）相关摄像机的内容。

5. 求助管理

求助是指旅客在客运站内使用求助系统的终端设备，远程获得客运站工作人员帮助的过程。

求助系统通过集成管理平台与监控系统有机配合，响应旅客的求助需要，使旅客及时获得车站工作人员的帮助。

当旅客按下求助按钮后，由值班人员进行“首接”，在条件允许的情况下，通过集成管理平台查看求助现场的视频图像。

值班人员对旅客进行帮助，无法自行处理时，根据实际情况通知相关岗位人员进行处理。

6. 时钟管理

时钟系统主要由客运站二级母钟、NTP 网络时间服务器、各类子钟及维护终端组成。

时钟系统从统一的时钟源获得标准时间，实现整个站区内各个子钟及相关系统与时钟源同步，具有自动校时、自动追时功能。

7. 查询管理

查询系统主要以本地数据库和集成管理平台为主要数据源，采用计算机、多媒体、网络等先进技术，为旅客提供列车、票价、席位、服务设施、站区环境等相关信息。

人工查询模块为客运站工作人员提供信息查询，相关工作人员根据权限对信息进行编辑和修改。客运站设置自助查询设备，用于旅客自助查询。

8. 寄存管理

寄存系统通过集成管理平台实现对旅客以自助的方式存放的小件物品的管理。当集成管理平台收到寄存设备发生故障或外力破坏的信号时，自动通知设备维护人员和客运站工作人员，并根据实际情况进行处置。

1.4.3　旅客服务系统应用和维护

旅客服务系统实行统一的设备技术标准、配置规范和软件版本。旅客服务系统的集成软件由中国国家铁路集团有限公司（国铁集团）统一组织开发和更新，任何单位和个人不得擅自更换和修改。

旅客服务系统的开发、升级或改造完成时，系统开发商应提供工程设计文件和操作说明书等资料，并提供必要的培训及售后服务。

如使用单位需对系统运行环境进行较大改变，包括更换关键设备、通信网络改造及进行应用软件管理等，应按以下程序办理。

（1）使用单位与信息技术部门协商后，向所属铁路局客运部门提出书面申请，申请内容包括系统具体变更项目、时间、地点、方案、步骤、参与单位及负责人。

（2）客运部门会同信息技术部门对方案进行审定，由客运部门向国铁集团提出书面申请。

（3）经国铁集团批复后，由客运部门以文电形式下发变更安排，并会同信息技术部门负责组织实施。

（4）需对旅客服务系统进行停机整修时，维修单位要征求客运站意见，确定停机时间后，制订实施方案，在已落实替代措施的基础上，经客运部门和信息技术部门备案后方可组织实施。

（5）影响旅客服务系统稳定运行的调试、测试等工作，应在空闲时段进行。其他单位（部门）因检修设备需中断机房电源或通道时，必须向车站提报详细方案，征得同意后方可实施。

（6）使用单位要明确相关系统操作、设备管理人员的岗位职责，确定相应的管理和使用权限，制订日常工作制度、标准及管理维护制度，建立系统设备管理台账，并严格落实。

车站负责集成管理平台用户的增加、删除、修改及权限的设置。人员调整时，应立即变更用户名、权限、口令等相关事项。

1.4.4　旅客服务系统安全管理

（1）客运站应加强计算机病毒防范工作，主动配合信息技术部门对计算机系统进行升级、查杀病毒等工作，并做好相关记录。

（2）客运站应确保旅客服务系统封闭运行，相关的计算机设备严禁与互联网等外部网络进行物理连接，不得与其他无关系统共用硬件或者网络设备；U 盘、移动硬盘等脱机方式进行信息交换的存储介质只能在本单位系统内部使用，不得外借、存储私人资料，或带离单位使用，进入旅客服务系统前，必须查杀病毒。

（3）综合控制室要按规定配备足够的灭火器材，室内不得存放任何强磁性物品和易燃、易爆、强腐蚀性的危险品，应实行 24 h 值班制度，值班人员应有高度责任心和良好的业务素质，并明确值班电话，确保信息畅通。

（4）综合控制室严禁无关人员进入，对因工作需要进入综合控制室的其他人员，应做好出入登记。

（5）集成管理平台用户首次登录后必须修改密码，密码长度不能低于 6 位，须由英文字母和数字混合而成。密码至少每 3 个月更换一次。各操作人员应使用本人的工号和密码，严禁工号共享。

（6）车站要制定切实可行的应急预案，定期组织演练，并建立设备故障分析、处理、追踪制度，以及详细的故障处理档案。

（7）旅客服务系统发生故障时，相关操作、系统管理、设备维护人员应迅速处理，不能及时修复的，须立即启动应急预案。

1.4.5 旅客服务系统设备维修保养

铁路局客运部门是旅客服务系统的归口管理部门，负责组织协调和监督检查设备维修保养工作；信息技术部门是旅客服务系统的技术支持、保障部门，负责旅客服务系统集成平台、网络和软件的日常管理、维护和升级工作；客运站负责旅客服务系统的日常使用、管理和报修工作。

旅客服务系统设备在保修期内，由保修单位负责进行定期巡检、技术支持和应急响应，并负责设备故障的及时修复。

在春运、暑运、黄金周等旅客运输高峰期之前，信息技术部门和维修单位应配合客运站对旅客服务系统及相关设施进行全面检修，及时排除故障隐患。

客运站工作人员应加强服务区域的巡视检查，实时监控设备运行状态。

客运站要建立日常报修制度，配备专（兼）职设备管理人员，与专业维修单位建立日常联络机制，确保设备发生故障时得到及时维修。

客运站要设立设备故障及处理登记台账，按要求在《设备设施报修登记簿》上详细记录报修时间、故障情况、处理结果等内容。对无法及时修复的设备故障，车站应指派专人跟进处理，直至修复。

建立设备维修质量评价考核制度，加强对维修单位维修服务质量的有效监管。维修人员每次进行设备维修作业后，应如实填写《设备维修质量考核表》，由客运站提出意见并签字确认，客运站每月 5 日前将上月度的《设备维修质量考核表》汇总，提报客运部门以便对维修单位进行考评。

维修单位要加强旅客服务系统的日常维护和检修，保证使用质量。在接到车站故障报修通知后，维修人员必须在规定时间内赶赴现场，迅速排除故障，恢复设备正常使用。

【实训】

高速铁路站务工作组织实训

【实训目标】

（1）能够掌握铁路站务工作的具体内容、高速铁路客运站售票组织工作的要求。

（2）能够掌握高速铁路客运站乘降工作组织工作的要求、高速铁路客运站旅客服务系统运用与管理规定。

（3）培养自主学习能力。

【实训内容与要求】

第一步：由教师介绍实训的目的、方式、要求，调动学生实训的积极性。

第二步：对学生进行分组，确定各小组的组长和人员分工、小组学习方式，制订小组学习计划，了解团队要做什么，要达到什么目的。

第三步：由教师介绍高速铁路站务工作组织的讨论话题。

第四步：各小组对教师布置的问题进行讨论，并记录小组成员的发言。

第五步：根据小组讨论记录撰写讨论小结。

第六步：各小组相互评议，教师点评、总结。

【实训成果与检测】

成果要求：

（1）提交案例讨论记录：3~5 名学生一组，设小组长 1 人、记录员 1 人，每小组必须有小组讨论、工作分工的详细记录，以作为考核成绩的依据。

（2）能够在规定的时间内完成相关讨论，撰写文字小结。

评价标准：

（1）上课时积极与老师配合，积极思考、发言。

（2）认真阅读案例，积极参加小组讨论，分析问题思路较宽。案例分析基本完整，能结合所学理论知识解答问题。

（3）积极参与小组活动，具有团队合作精神。

项目 2

高速铁路乘务工作组织

【知识目标】

- 了解高速铁路旅客列车乘务组的组成和对乘务人员的素质要求；
- 掌握乘务人员的配备与隶属关系；
- 了解高速铁路旅客列车乘务组人员的岗位职责；
- 掌握高速铁路旅客列车乘务组工作制度。

【技能目标】

- 能够根据高速铁路旅客列车乘务人员作业标准来完成相关工作；
- 能够根据高速铁路旅客列车基础管理规定来完成相关工作。

【学习重点及难点】

- 学习重点：高速铁路旅客列车乘务组的组成和对乘务人员的素质要求、人员的配备与隶属关系、高速铁路旅客列车乘务组人员的岗位职责、高速铁路旅客列车乘务组工作制度。
- 学习难点：高速铁路旅客列车乘务人员作业标准，高速铁路旅客列车基础管理。

【本章知识结构图】

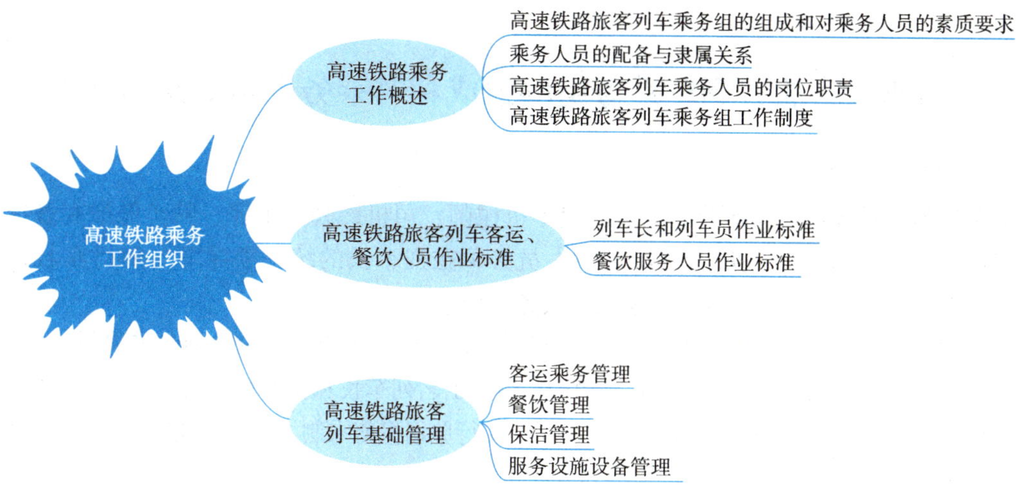
高速铁路乘务工作组织
高速铁路乘务工作概述
高速铁路旅客列车乘务组的组成和对乘务人员的素质要求
乘务人员的配备与隶属关系
高速铁路旅客列车乘务人员的岗位职责
高速铁路旅客列车乘务组工作制度
高速铁路旅客列车客运、餐饮人员作业标准
列车长和列车员作业标准
餐饮服务人员作业标准
高速铁路旅客列车基础管理
客运乘务管理
餐饮管理
保洁管理
服务设施设备管理

2.1 高速铁路乘务工作概述

2.1.1 高速铁路旅客列车乘务组的组成和对乘务人员的素质要求

1. 乘务组的组成

动车组列车乘务组由客运乘务人员、随车机械师、司机、公安乘警、随车保洁和餐饮服务人员组成，简称“六乘”人员。“六乘”人员必须在列车长的统一领导下（除行车救援指挥外），分工负责，各司其职，共同做好旅客服务工作。

客运乘务人员由1名列车长和2名列车员组成。客运乘务组应采用轮乘制或包乘制，动车组重联时，按两个乘务组安排人员；编组16辆的动车组按1名列车长和4名列车员配备。对运行时间较长的动车组可适当增加客运乘务人员。动车组司机实行单司机值乘制，随车机械师按每组1人配备。

2. 乘务人员素质要求

1）乘务人员基本素质要求

乘务人员应具备高中及以上文化程度，能够熟练使用计算机、服务设施设备、消防器材，掌握常用英语会话，具有良好的语言文字表达能力和服务技巧。女性身高一般不低于1.60 m，男性身高一般不低于1.70 m。

乘务人员应当按照规定参加岗前培训，列车长由铁路局负责培训，列车员由客运段负责培训，经考试合格后，由铁路局统一颁发上岗证，持证上岗。上岗后应按规定进行适应性培训和定期脱产培训。

餐饮、保洁人员上岗前应由站段进行铁路安全知识培训，经考试合格后，由站段审核发证，持证上岗。乘务人员上岗时应穿着统一服装、佩戴工号牌。

乘务人员如图2-1所示。

图2-1 乘务人员

2）乘务人员应具备的职业素养

（1）热爱党、热爱祖国、热爱铁路事业，具有高度的工作责任心和全心全意为人民服务的精神，忠于职守，热爱乘务工作，具有良好的工作态度。诚信踏实，认真负责，一丝不苟，任劳任怨。在服务中要做到：主动、热情、周到、有礼貌。

（2）遵守国家法律、法规和铁路条例规章，严守国家机密。团结协作，谦虚谨慎，平等待人，培育和践行社会主义核心价值观。爱护公共财物，廉洁奉公，公私分明，管理好列车上的供应品，不贪占企业财物。

（3）努力钻研业务，丰富社会知识，研究旅客心理，探索旅客需求，不断提高服务技能，提高处理突发事件的能力，做好乘务工作。

2.1.2 乘务人员的配备与隶属关系

动车组运行应配备本务司机、随车机械师、客运乘务人员和乘警。动车组运用所应配备地勤司机、行车安全设备检修人员、地勤机械师、地面检修维护人员、动车组车内保洁人员等。

（1）动车组本务司机、地勤司机隶属机务段管理。地勤司机派驻运用所。司机须参加国铁集团组织的动车组司机理论培训，并参加铁路局组织的实操培训，经考核合格，持《铁路岗位培训合格证书》上岗。

（2）随车机械师、存放点车辆调度人员、地勤机械师隶属车辆段管理。随车机械师、地勤机械师须参加国铁集团组织的动车组随车机械师或检修运用人员理论知识培训，并参加铁路局组织的实操培训，经考核合格，持《铁路岗位培训合格证书》上岗。

（3）客运乘务人员（列车长、列车员）隶属客运段管理。客运乘务人员须参加铁路局组织的动车组设备使用培训，掌握动车组车厢内上部服务设施的操作技能，熟悉设备操作注意事项，经考核合格，持《铁路岗位培训合格证书》上岗。

（4）乘警隶属铁路局公安处乘警支队管理。值乘民警须熟悉动车组车厢内安全和消防设施设备的操作。

（5）行车安全设备检修人员分别隶属既有的专业体系管理。ATP、LKJ2000 检修人员隶属电务段，接触网检测设备检修人员隶属供电段，CIR 设备检修人员隶属铁通公司（已并入中国移动），各检修人员须经铁路局组织的动车组理论、实操培训，经考核合格后，持《铁路岗位培训合格证书》上岗。

（6）动车组车体外皮清洗（含人工清洗、洗车机清洗）、库内吸污人员隶属车辆段管理；车内保洁、随车保洁人员隶属客运段管理；动车组司机室保洁人员隶属机务段管理；车站吸污人员隶属车站管理。

2.1.3 高速铁路旅客列车乘务人员的岗位职责

1. 列车长职责

（1）执行规章制度，履行岗位职责。服从调度指挥，完成上级布置的各项任务。

（2）负责组织、指挥、协调乘务组各工种作业，召开出、退乘会。督促乘务人员按照标准作业，确保服务质量及车内安全，完成上级布置的各项任务。

(3) 负责监督和检查整备、保洁、餐饮工作。

(4) 负责检查动车组列车安全、服务设施设备，发现设备故障，及时反馈给随车机械师处理。

(5) 负责与司机、随车机械师等岗位保持作业联控，并负责与车站办理交接。

(6) 负责办理乘务过程中的各项客运业务，收集旅客对列车服务工作的意见，受理旅客投诉，帮助旅客解决困难。

(7) 负责动车组列车非正常情况下的应急处置，并及时向派班室（客运调度室）及上级部门汇报。

(8) 负责乘务组在折返站停留期间的工作安排和人员管理。

(9) 监督乘务人员在各个值乘阶段保持专业化形象。负责乘务组在折返站及住宿期间的管理。

(10) 负责各类信息的反馈，并提出改进建议。列车长如图 2-2 所示。

图 2-2 列车长

2. 列车员（乘务员）职责

(1) 在列车长的领导下，完成乘务工作。

(2) 负责开展列车服务和车内安全工作。在车站，确认旅客乘降情况，通知司机或随车机械师关闭动车组车门。发生危及行车和旅客生命安全的紧急情况时，使用紧急制动阀停车或通知司机采取措施；需要组织旅客撤离列车时，通知司机，由司机向列车调度员报告或通知就近车站值班员；在司机指挥下，处理有关事故救援等事宜。

(3) 负责本次列车各种服务备品的检查。车上移动备品包含饮水机、微波炉、移动座椅、安全锤（含盒）及应急乘降梯、车门安全带等设备。

(4) 协助做好本次列车的配餐工作。

(5) 负责完成规定的广播任务。

(6) 负责实施车内各类紧急情况的处置。

(7) 完成规定的作业流程，并达到质量标准。

(8) 负责向列车长反馈各种信息，提出合理化建议。

(9) 完成列车长交办的其他工作。

列车员如图 2-3 所示。

图 2-3 列车员

3. 动车组司机职责

(1) 执行规章制度，服从调度指挥，履行岗位职责。

(2) 在区间非正常停车时，负责指挥、处理有关行车、列车防护和事故救援等方面的工作；在其他非正常情况下，协助列车长实施应急预案。

(3) 出动车所后，负责有关型号动车组的车门集控开关。在车站，列车在规定位置停稳后开启车门；开车前，根据列车长通知，关闭车门。在运用所（或存放点），于操作端司机室与地勤司机办理动车组驾驶、列控车载设备、LKJ、CIR 设备及制动系统技术状态、主控钥匙及列控车载设备柜钥匙交接。

(4) 动车组列车发生故障时，按车载信息监控装置的提示，按步骤及时处理；需要由随车机械师配合处理时，与随车机械师共同处理。在调车作业或救援时，配合随车机械师安装过渡车钩（双班单司机执乘时），并实施相关联挂作业。

(5) 负责与调度员的日常联络，接受、传达上级命令指示。

(6) 执行动车组回送任务。动车组司机如图 2-4 所示。

4. 随车机械师职责

(1) 执行规章制度，服从命令指挥，履行岗位职责。

(2) 负责监控动车组列车运行中的技术状态，发现故障及时处理，并通知司机和列车长采取措施，妥善处理。

图 2-4 动车组司机

（3）出所后，负责有关型号（主要是 CRH2A 型）动车组的车门集控开关，列车在车站规定位置停稳后，负责开启车门；开车前，根据客运列车长通知，关闭车门。动车组出入所时，负责与运用所（质检员）办理技术交接；与调度员或地面机械师办理车门集控开关钥匙交接。

（4）在司机的指挥下，参与处理有关行车、列车防护和事故救援等方面的工作。发生危及行车安全故障或其他紧急情况时，使用紧急制动阀停车或通知司机采取停车措施。

（5）非正常情况下，协助列车长实施应急预案。

（6）执行动车组无火回送任务。负责动车组无火回送、救援、调车时过渡车钩、风管的安装。

（7）需调车作业时，配合司机完成动车组重联与解编作业。随车机械师如图 2-5 所示。

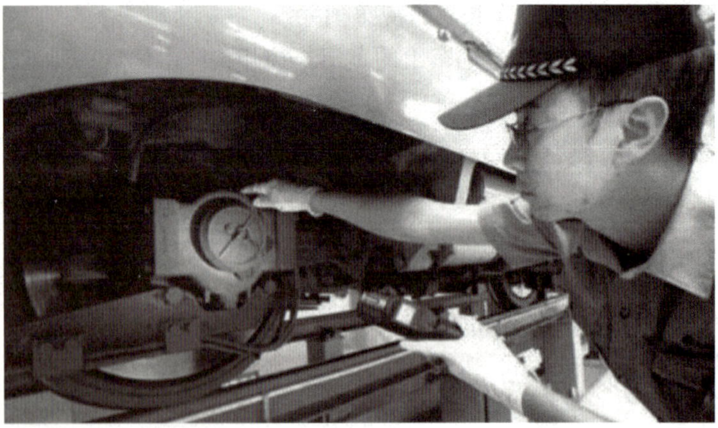

图 2-5 随车机械师

5. 餐饮服务员职责

（1）执行规章制度，在列车长领导下开展工作。

（2）负责餐饮商品供应，满足旅客需求，确保饮食安全。
（3）负责餐车区域卫生保洁，设备检查和安全管理。
（4）负责按时、按质、按量向“六乘”人员供应乘务餐。
（5）非正常情况下，协助列车长实施应急预案。
（6）完成列车长安排的其他各项工作。
餐饮服务员如图 2-6 所示。

图 2-6　餐饮服务员

6. 随车保洁员职责

（1）执行规章制度，在列车长领导下开展工作。
（2）负责动车组列车运行中、折返站的车内卫生清扫和垃圾分类收集，确保列车卫生质量。
（3）负责车厢内保洁工具、消耗品和服务备品的配置、补充、更换及定位。
（4）非正常情况下，协助列车长实施应急预案。
（5）完成列车长安排的其他各项工作。
动车组随车保洁员如图 2-7 所示。

7. 公安乘警职责

（1）执行规章制度，服从命令指挥，履行岗位职责。

（2）依照国家法律、法规和国铁集团、铁路局的有关规定，以及铁路公安机关的部署、命令，预防、制止、查处列车上违法犯罪活动和治安灾害事故，维护旅客列车治安秩序，保障旅客生命和财产安全。

会同列车乘务人员严格查处旅客携带的易燃易爆危险品、管制刀具、淫秽物品；查处随车叫卖、霸座卖座、流氓滋扰、打架斗殴等扰乱列车治安秩序行为；禁止、取缔在列车上吸毒、卖淫、嫖娼和赌博活动；预防和控制高速铁路旅客列车上的吸烟行为等。同时，公安乘警还要处理各种治安、刑事违法犯罪活动；受理并调查报警案件；查处治安案件；查缉各类逃犯；抓捕现行犯、流窜犯；调解旅客纠纷。

图 2-7　动车组随车保洁员

（3）负责动车组列车司机室的安全保卫工作。

（4）非正常情况下，协助列车长实施应急预案。协助列车长预防和处置火灾、爆炸、中毒等灾害事故和治安突发性事件。当发生火灾事故时，积极组织旅客进行火灾扑救，维护火场秩序、配合火灾事故调查。对防火工作进行监督检查，查处违反消防法规的行为。

（5）配合客运部门维护好旅客乘降秩序；协助查验车票，保证铁路运输收入安全。参与乘务管理，配合列车长做好列车工作。

公安乘警如图 2-8 所示。

图 2-8　公安乘警

2.1.4　高速铁路旅客列车乘务组工作制度

1. 工作协调制度

（1）动车组列车出库后，列车长要及时了解“六乘”人员工作准备情况，重点对卫生保洁质量、配餐数量，以及各岗位人员到岗情况进行掌握，遇有重点任务，及时布置。

（2）列车长每趟值乘，均要组织召开随车机械师、公安乘警、餐饮组长、保洁组长参加的工作协调会，沟通信息，提出本趟工作重点和要求。

（3）遇有设备故障、列车晚点等情况，司机或随车机械师要主动向列车长通报故障情况、晚点或停车原因。列车长要及时逐级汇报，按指示向旅客通告，组织列车员、餐饮人员、保洁人员做好服务和解释工作。

（4）客运段应每月组织“六乘”人员召开动车组一体化管理联席会议，总结工作经验，加强协调，统一步调，提高效率。

“六乘”人员在列车上过除夕如图 2-9 所示。

图 2-9　“六乘”人员在列车上过除夕

2. 信息传递制度

（1）动车组列车“六乘”人员要掌握列车运行状况、设备状况、旅客服务和餐饮供应等信息，及时相互通报。

（2）动车组列车运行中遇有各类非正常情况，“六乘”人员应按照各自职责逐级汇报，列车长应积极协调处理。

（3）“六乘”人员之间应建立日常联络机制，加强相互之间的信息沟通。

3. 其他制度

（1）动车组列车实行“首问首诉负责制”，“六乘”人员必须及时解答旅客问询、受理旅客投诉、解决旅客困难。

（2）动车组列车进站前，“六乘”人员必须按规定提前到岗，做好旅客乘降的准备工作。

（3）“六乘”人员必须严格遵守国铁集团、铁路局的有关规定，严禁私带无票人员上车；

如需要安排重点旅客乘坐餐车、多功能室、列车员室等位置，必须经列车长同意。

（4）动车组列车餐饮、保洁人员不服从列车长管理，影响正常工作及铁路形象时，列车长应向有关部门及时汇报，必要时，可立即停止其工作；餐饮、保洁公司对上述违纪人员要按照公司的管理制度进行严肃处理，并向有关部门反馈处理结果。

（5）动车组列车公安乘警、随车机械师不服从列车长管理，影响正常工作及铁路形象时，列车长应向上级有关部门及时汇报。列车长与公安乘警、随车机械师进行工作沟通如图 2-10 所示。

图 2-10 列车长与公安乘警、随车机械师进行工作沟通

思政课堂

庆祝建党百年·发现最美铁路
“诚逸”乘务组伴您情诚途暖、客满逸归

“诚逸”乘务组成立于 2015 年 3 月，班组职工 3 人（党员 2 名，群众 1 名），担当北京至沈阳南 D17/8 次列车的旅客运输任务。D17 次单程运行 763 km，单程运行 5 h 44 min，途中停靠蓟州、唐山北、滦县、北戴河、秦皇岛、山海关、葫芦岛北、盘锦、鞍山西、辽阳 10 个停车站，横跨河北、辽宁两个省份，途经多个红色旅游景点。

“诚逸”乘务组一直秉承“情诚途暖、客满逸归”的服务理念，班组将优质服务定位于“亲情化、品牌化、文艺化”，每名乘务员都能做到旅途中一心系旅客，一语送真诚，为旅客提供人性化、贴心化服务，让旅客体会上车有亲切，旅途有温馨，下车有留恋。

班组总结了“四心”服务法，即一份细心、一份耐心、一份关心、一路舒心。日常的服务工作中主动替读书的旅客打开阅读灯、为孕妇送上一杯温水、将第一次乘坐动车组的旅客引导到座位上，为中转换乘旅客提供换乘便利，在细节上体现服务的用心。

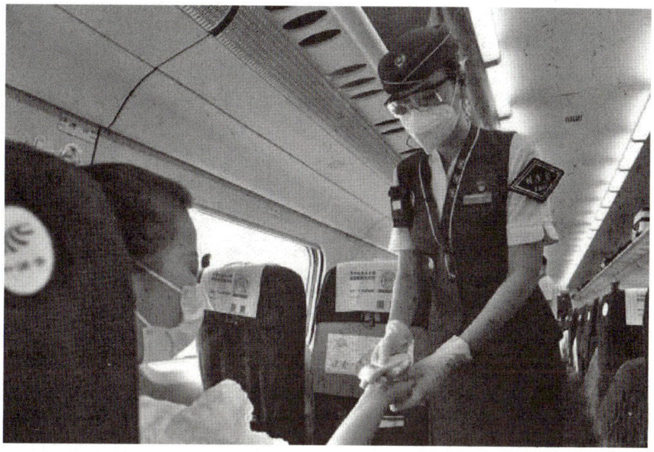

班组配备了便民服务箱，也被旅客们戏称为“旅途百宝箱”。服务箱共分为两层，里面有针线包、指甲刀、胶带、打包绳、USB 充电线、万向轮防滑垫、老花镜、女性用品等十多种生活必需品，同时增加了哺乳帘、儿童玩具等，为旅途中的妈妈们提供了便利。

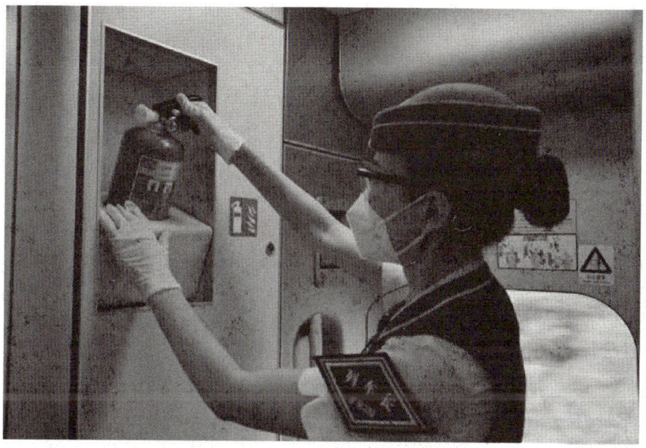

为了推行品牌化服务，班组全员佩戴“诚逸”专属 logo 胸章上岗，在旅客面前亮明身份，接受群众监督，用实际行动践行“情诚途暖 客满逸归”的服务理念。

为方便旅客中转换乘，班组推出了中转旅客换乘提示卡，到站前积极联系车站，确认中转换乘列车所在站台，方便了旅客出行。

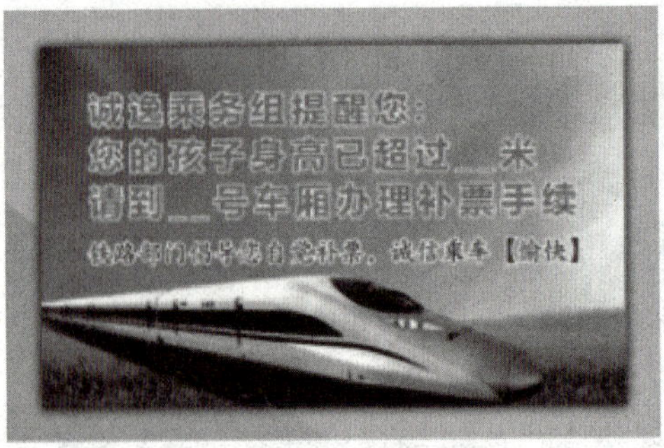

为倡导旅客自觉补票，提示旅客遵守铁路相关规定，班组推出了儿童超高补票提示卡，既能让旅客理解并接受规定要求，也增添了旅途趣味性。

每逢春节、元宵节、母亲节、中秋节等重要节点，班组都会利用广播为旅客送去温馨祝福，并提前对列车进行精心布置，开展丰富多彩的专题活动，营造节日氛围。在每年的 7 月、10 月期间，班组都会在列车上开展爱国主义专题活动。

在班组职工共同的努力下，“诚逸”乘务组被评为 2015 年度铁路局级先进班组，连续两年被评为“创岗建区”党内优质品牌班组；2018 年，班组连续四个季度被评为车队标杆班组，同年还被评为第二季度“新时代 · 京铁榜样”，北京铁道报记者全程对班组事迹进行了跟踪采访，并在京铁手机报上进行了专题报道。2021 年以来，班组共服务重点旅客 72 人次，找到并归还旅客遗失物品 23 件，总价超过 5 万元，获得新闻媒体报道及“12306”微信公众号的多次报道及表扬。

成绩面前不自满，荣誉面前不懈怠。用心服务旅客，让诚意洒满旅途，“诚逸”乘务组将继续发扬“一心为旅客，想得周到，做得彻底”的精神，在服务工作中不留空白，不断优化服务内涵，推陈出新，用细致入微的服务，将品牌深植于广大旅客心中。

（改编自中国网 2021 年 6 月 16 日文章《庆祝建党百年 · 发现最美铁路“诚逸”乘务组伴您情诚途暖、客满逸归》）

2.2 高速铁路旅客列车客运、餐饮人员作业标准

2.2.1 列车长和列车员作业标准

1. 准备作业

1）列车长

（1）按时到值班室报到，接受命令指示，确认担当乘务情况，填写《乘务日志》，领取有关设备及票据。做到出乘准时，命令、指示记录准确，确保任务明确，设备齐全，性能良好。

（2）召开出乘会，检查列车员仪容仪表，传达命令、指示，布置乘务任务。做到仪容仪表规范，命令传达准确，任务布置清楚。列车长布置工作如图 2-11 所示。

（3）携带客运业务资料及站车交互系统终端、移动补票机、无线对讲机等设备，列车进站前 20 min 在站台接车。做到资料携带齐全，设备状态良好，接车准时。

图 2-11　列车长布置工作

2）列车员

（1）准时参加出乘会，整理仪容仪表，接受列车长命令，确认担当乘务情况，检查设备性能。做到按时出乘，仪容仪表规范，命令、指示记录准确，任务明确，设备齐全，性能良好。

（2）列车进站前 20 min 随列车长统一列队在站台接车。做到接车准时。

列车员列队接车如图 2-12 所示。

图 2-12　列车员列队接车

2. 始发作业

1）列车长

（1）列车进站停稳后，调试站车交互系统终端和无线对讲机，与动车组司机校对时间及车次。

（2）组织列车员检查列车服务设施设备及上水情况、验收车厢卫生，办理交接，做好记录。做到检查细致，记录翔实，交接清楚。

（3）折返站立折始发时，组织列车员验收车厢卫生，办理交接，做好记录。做到检查细致，记录翔实，交接清楚。

（4）在 5 号车厢靠餐车（重联时两位列车长分别在 5 号和 13 号车厢）边门处站台立岗，检查列车员立岗情况，做好重点旅客引导。做到立岗及时，引导有序，安排妥善。

（5）与车站客运工作人员办理业务交接，掌握乘车人数。确认旅客乘降完毕后通知司机（或随车机械师）关闭车门。做到交接清楚，通知及时。遇动车组重联运行时，两名列车长互相确认旅客乘降完毕后，由运行前方第一组的列车长负责通知司机（或随车机械师）关闭车门。

2）座车列车员

（1）对列车保洁整备质量进行检查验收，并向列车长汇报检查情况。做到检查认真，记录清楚。

（2）在指定车厢边门处站台立岗，引导重点旅客就座，指引旅客放置行李。做到引导有序，安排妥善。

（3）确认旅客乘降完毕后，向列车长汇报。

座车列车员始发巡视如图 2-13 所示。

图 2-13　座车列车员始发巡视

3）卧车列车员

（1）对列车保洁整备质量及卧具备品进行检查验收，并向列车长汇报检查情况。做到检查认真，记录清楚。

（2）锁闭卧车与座车间的通过门。在指定车厢边门处站台立岗，引导重点旅客到位，指引旅客放置行李。做到引导有序，安排妥善。

（3）确认旅客乘降完毕后，向列车长汇报。

卧车列车员始发巡视如图 2-14 所示。

3. 运行中作业

1）列车长

（1）开车后播放欢迎词及乘车须知（或指定广播员实施），做到按时播报，音量适中。

（2）巡视车厢，检查行李摆放情况。做到行李物品摆放平稳，通道保持畅通。

图 2-14　卧车列车员始发巡视

（3）根据剩余席位信息，核对空余席位，组织查验车票。做到核对仔细，态度和蔼，减少对旅客的干扰。

（4）督促检查途中保洁作业质量，如实填写验收记录。做到检查仔细，质量达标。

（5）检查列车餐饮工作情况，制止违规经营行为。做到及时发现，妥善处理。

（6）掌握重点旅客动态，落实“首问首诉负责制”。做到重点旅客重点照顾，服务旅客耐心周到。

（7）发现设备故障，及时通知随车机械师处理。若不能及时修复，随车机械师与列车长共同确认，如实记录，双方签字。

（8）遇列车晚点超过 15 min，及时向司机了解原因，通过广播向旅客致歉并说明情况。做到耐心解答问询，广播致歉及时。

2）座车列车员

（1）巡视车厢，检查行李摆放情况。做到行李物品摆放平稳，通道保持畅通。

（2）根据剩余席位信息，协助列车长核对空余席位，查验车票并办理相关业务。做到核对仔细，态度和蔼，减少对旅客的干扰。

（3）掌握重点旅客动态，落实“首问首诉负责制”。做到重点旅客重点照顾，服务旅客耐心周到。

（4）督促检查途中保洁作业质量，及时跟踪整改情况。做到检查仔细，质量达标。

（5）发现设备故障、安全隐患等异常情况，及时向列车长报告。

3）卧车列车员

（1）做好旅客乘车登记工作，掌握旅客去向。做到登记及时，记录准确。

（2）根据剩余席位信息，核对空余席位，协助列车长办理相关业务。

（3）掌握重点旅客动态，落实“首问首诉负责制”。做到重点旅客重点照顾，服务旅客耐心周到。

（4）督促检查途中保洁作业质量，如实填写验收记录。做到检查仔细，质量达标。

（5）发现设备故障、安全隐患等异常情况，及时向列车长报告。

4. 中途停站作业

1）列车长

（1）到站前 5 min 广播通报站名、到开时刻，开车后 5 min 内广播预告前方停车站、到开时刻。做到按时播报，内容准确，音量适中。

（2）在 5 号车厢靠餐车（重联时两位列车长分别在 5 号和 13 号车厢）边门处站台立岗，检查列车员立岗情况。做好重点旅客引导。做到立岗及时，引导有序，安排妥善。

（3）与车站客运值班员办理业务交接（列车长与车站客运值班员办理业务交接见图 2-15），确认旅客乘降完毕后通知司机（或随车机械师）关闭车门。做到确认准确，通知及时。遇动车组重联运行时，两名列车长互相确认旅客乘降完毕后，由运行前方第一组的列车长负责通知司机（或随车机械师）关闭车门。

图 2-15 列车长与车站客运值班员办理业务交接

2）座车列车员

（1）在指定车厢边门处站台立岗，引导重点旅客就座，指引旅客放置行李。做到引导有序，安排妥善。

（2）确认旅客乘降完毕后，向列车长汇报。

3）卧车列车员

（1）到站前提前通报旅客做好下车准备。

（2）在指定车厢边门处站台立岗，引导重点旅客到位，指引旅客放置行李。做到引导有序，安排妥善。

（3）确认旅客乘降完毕后，向列车长汇报。

（4）更换中途下车旅客的卧具，做到一客一换。

（5）做好中途上车旅客乘车登记，掌握旅客去向。做到登记及时，记录准确。

5. 终到、折返站作业

1）列车长

（1）列车终到前 5 min 播放欢送词。做到按时播报，音量适中。

（2）列车到站后，在 5 号车厢靠餐车（重联时两位列车长分别在 5 号和 13 号车厢）边门处站台立岗，与旅客道别，协助重点旅客下车。做到举止规范，主动热情。

（3）旅客下车完毕，巡视检查全列车厢。做到动作迅速，检查仔细。

（4）与车站客运值班员办理业务交接。做到交接清楚，手续完备。

（5）遇交接班时，交接班列车长在 5 号车厢靠餐车边门处站台立岗，办理交接。做到交接迅速，内容清楚。

（6）交接完毕后，交班乘务组列队在餐车位置处站台面向列车立岗，目送列车出站。

2）座车列车员

（1）到站后，在指定车厢边门处站台立岗，与旅客道别，协助重点旅客下车。做到举止规范，主动热情。

（2）旅客下车完毕，巡视检查车厢，发现问题，及时报告。做到动作迅速，检查仔细。

（3）遇交接班时，交接班列车员在餐车内交接。做到交接迅速，内容清楚。

3）卧车列车员

（1）到站前提前通报，提醒旅客做好下车准备。

（2）到站后，在指定车厢边门处站台立岗，与旅客道别，协助重点旅客下车。做到举止规范，主动热情。

（3）旅客下车完毕，巡视检查车厢，发现问题，及时报告。做到动作迅速，检查仔细。

（4）清点卧具备品，办理交接。做到清点准确，交接清楚。

6. 退乘作业

1）列车长

（1）召开退乘会，总结工作完成情况，填写《乘务日志》。做到重点突出，记录翔实。

（2）带领客运乘务人员列队退乘。

（3）需要解款时到规定地点缴款。做到专人护送，账款相符，及时解缴。

（4）到客运段派班室报到，汇报工作完成情况，递交《乘务日志》等报表，上交有关设备，接受命令指示。做到交接清楚，手续完备。

2）列车员

（1）参加退乘会，向列车长汇报当趟乘务工作。做到简明扼要，准确无误。

（2）在列车长的带领下列队退乘。

2.2.2　餐饮服务人员作业标准

动车组列车餐饮服务人员包括服务组长和服务员。餐饮服务组长是指负责动车组列车餐饮经营和餐饮服务员管理的人员。餐饮服务员是指从事动车组列车餐饮服务和商品销售工作的人员。

1. 出乘准备作业

1）餐饮服务组长

（1）接受命令指示，确认担当乘务情况，到指定地点请领票据、凭证。做到记录清楚，任务明确，票证齐全，数量充足。

（2）根据客流情况，提前通知餐饮基地配送餐饮、商品和备品事宜，并在配送单上签字确认，确保品种齐全，满足需求。

（3）着装整齐，佩戴标志，提前20 min到站台接车，并向列车长报到。做到按时报到，仪容整洁，精神饱满。

2）餐饮服务员

（1）接受命令指示，确认担当乘务情况。做到记录清楚，任务明确。

（2）着装整齐，佩戴标志，在餐饮服务组长带领下，提前20 min到站台接车，并向列车长报到。做到按时报到，仪容整洁，精神饱满。

（3）接收、清点餐饮食品、商品，确认送餐数量和质量，相关交接手续在开车前5 min办理完毕。做到核对准确，交接清楚，保证质量。

检查餐饮食品的质量如图2-16所示。

图2-16　检查餐饮食品的质量

2. 始发作业

1）餐饮服务组长

（1）检查、摆放餐饮区的各类服务用品。做到用品齐全完好、定位放置。

（2）检查餐车设施设备的使用情况，并及时向列车长汇报。做到设施设备齐全，性能良好，使用正常。

（3）检查餐饮食品、商品和备品的交接工作，组织实施餐饮食品、商品的质量抽样检查。做到核对准确，交接清楚，质量良好。

（4）组织做好餐饮区内的卫生清洁和消毒工作。保证旅客用餐环境干净、整洁。

（5）在指定位置立岗，迎接旅客上车。做到举止大方，主动热情。

2）餐饮服务员

（1）检查餐车设施设备的使用情况，及时向餐饮服务组长汇报。确保设施设备齐全，性能良好，使用正常。

（2）做好餐车的卫生清洁工作。做到窗明几净、四壁无尘、物见本色。

（3）布置餐台、陈列柜、售货车，整理座椅，摆放供餐价目表。做到规范整洁、富有艺术气息、美观大方。补充售货车商品如图 2-17 所示。

图 2-17　补充售货车商品

（4）售货服务员到吧台领取商品、发票、价目表，办理登记、签字手续。做到商品丰富，堆码美观，明码标价，交接清楚，手推车定位、制动停放。

（5）配餐服务员提前准备好餐、售食品。做到供应及时，质价相符。

（6）在指定位置立岗，迎接旅客上车。做到举止大方，主动热情。

3. 运行中作业

1）餐饮服务组长

（1）制订配餐计划，对餐饮服务员进行分工。做到供餐计划合理、分工明确。

（2）主动介绍供应品种，准确回答旅客问询。做到热情大方，表达清晰。

（3）按计划组织配餐供应。做到秩序良好，保证质量，服务周到。

（4）检查餐车经营情况和服务员作业达标情况，制止违规行为。做到作业标准，经营规范。

（5）销售时做到唱收唱付，账物相符，并按规定提供发票。

（6）掌握重点旅客动态，落实“首问首诉负责制”。做到重点旅客重点照顾，服务旅客耐心周到。

（7）发现设备故障、安全隐患等异常情况，及时向列车长报告。

2）餐饮服务员

（1）开车 10 min 后，开始售货作业，在车厢内不得兜售和高声叫卖，按规定提供发票。

在车厢进行售货作业如图 2-18 所示。

（2）主动迎接旅客就餐，介绍供应品种及价格，按规定提供发票。做到开单准确，唱收唱付。加热餐食如图 2-19 所示，向旅客递交餐食如图 2-20 所示。

（3）旅客用餐完毕离席时，餐饮服务员主动道谢，及时收撤餐具，整理台面，垃圾分类投放，符合国家环保规定。

图 2-18　在车厢进行售货作业

图 2-19　加热餐食

图 2-20　向旅客递交餐食

（4）准确配置餐食，及时送餐到车厢。做到动作迅速，操作平稳。

（5）落实“首问首诉负责制”。做到重点旅客重点照顾，服务旅客耐心周到。

（6）发现设备故障、安全隐患等异常情况，及时向列车长报告。

4. 折返站作业

1）餐饮服务组长

（1）组织清点剩余餐食、饮品和进款，过期餐食按规定报废。

（2）在指定位置立岗，向旅客道别。

（3）提前与折返站餐饮供应部门联系，补充食品、饮品和商品，准确办理交接，在配送单上签字确认。做到及时补充，供应充足。

（4）组织餐饮服务员做好卫生保洁工作，整理车容车貌。

2）餐饮服务员

（1）及时清点剩余餐食、饮品，过期餐食按规定报废。

（2）在指定位置立岗，向旅客道别。

（3）接收清点餐饮基地送达的餐食、饮品、商品，确认数量和质量。做到核对准确交接清楚。

（4）负责分类清洗、消毒和存储餐茶具。做到洗消达标，定位摆放。

（5）做好卫生保洁工作，整理车容车貌。

5. 终到作业

1）餐饮服务组长

（1）组织清点钱款和剩余餐食、商品、备品的数量，填写报表和交接记录。做到清点认真，记录准确，账物相符。

（2）做好终到前餐车的卫生清洁工作。

（3）在指定位置立岗，向旅客道别。

（4）认真办理交接。做到交接清楚，手续完备。

2）餐饮服务员

（1）清点钱款和剩余餐食、商品、备品的数量。做到清点认真，记录准确，账物相符。记录餐食、商品、备品的数量如图 2-21 所示。

（2）做好终到前餐车的卫生清洁工作。

（3）与餐饮基地人员办理交接。做到交接清楚，手续完备。

6. 退乘作业

1）餐饮服务组长

（1）统一列队退乘，做到仪容整洁，列队整齐。

（2）到指定地点缴款。做到安全护送，及时解缴。

2）餐饮服务员

统一列队退乘，做到仪容整洁，列队整齐。

图 2-21 记录餐食、商品、备品的数量

2.3 高速铁路旅客列车基础管理

2.3.1 客运乘务管理

客运乘务组承担服务旅客，处理客运业务，检查列车卫生保洁、餐饮质量等工作。发生危及旅客安全情况时，客运乘务组应视情况，通报司机、随车机械师和公安乘警等相关人员，共同采取有效措施，确保旅客安全。

列车乘务组出乘时必须携带无线对讲设备。列车长使用无线对讲设备与司机、随车机械师、公安乘警、客运列车员、保洁和餐饮人员进行通话联络。

动车组始发前和中途停站时，列车长在 5 号车厢（重联时两位列车长分别在 5 号和 13 号车厢）门口立岗，列车员在指定位置立岗。

列车长与车站客运（值班）员办理完交接，动车组发车前，由列车长确认旅客乘降完毕后，根据不同车型要求应通知司机或随车机械师关闭车门。

运行时间在 3 h 以内的列车，列车广播一般只播迎送词、服务设备介绍、安全提示、站名和背景音乐。运行时间超过 3 h 的列车，可在不干扰旅客休息的前提下，适当增加播放内容。列车旅客信息服务及影音播放系统播放的内容应由客运部门提供，由车辆部门录入。

客运乘务人员出乘时除携带乘务包、医药箱、电报、客运记录、移动补票机（见图 2-22）等必要的设备、资料外，其他资料、台账均不得携带上车。

列车多功能室只能用于照顾伤、病旅客和存放少量服务备品，由客运乘务人员管理，其他人员不得占用。

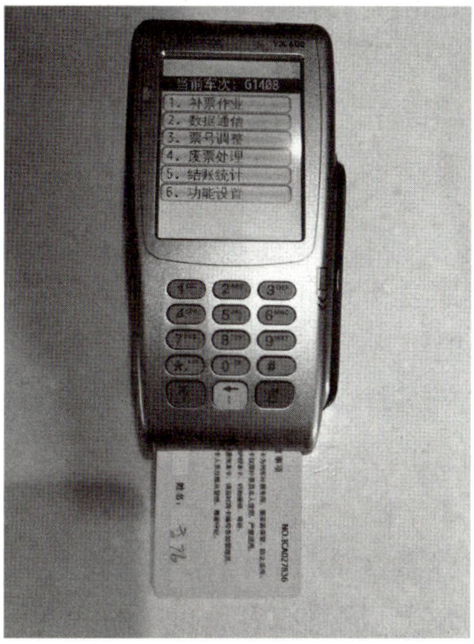

图 2-22　移动补票机

2.3.2　餐饮管理

动车组列车餐饮经营必须坚持“以人为本、旅客至上”的服务理念，运用高效的经营管理和服务模式，为旅客提供质优价廉、品种丰富的餐饮食品，满足不同层次旅客的需求，打造动车组列车餐饮服务品牌。

1. 基本要求

（1）动车组列车餐饮服务由专业餐饮经营单位承担。为动车组提供餐饮服务的单位必须通过 ISO 9000 或 HACCP 质量认证。列车销售的食品、饮品应当为全国名优产品，并有“QS”标志。

（2）承担动车组列车餐饮服务的单位必须严格遵守国家食品安全法律法规及国铁集团、铁路局有关规定，建立健全食品采购、加工、运输、存储、销售等环节的管理和考核制度。客运段要加强对餐饮服务单位经营过程的监督管理，确保餐饮安全和质量。

（3）动车组列车上销售的食品和商品必须由餐饮经营单位统一采购、配送，实行明码标价、一货一签，并有相关标记。餐饮经营单位销售人员应将食品和商品的出库单交列车长保管备查。

（4）车站要对餐饮经营单位配送工作提供便利，餐饮经营单位要按车站指定路径进出。加热后未售出的食品严格实行定时报废制度。在动车组列车上，报废的食品在未处理前应醒目标明“报废”字样。

（5）餐饮经营单位服务人员负责动车组运行中餐车的清洁卫生。餐车展示柜布置应当丰富美观，其他商品、备品存放不得侵占通道和影响安全。动车组列车到站、开车时，餐饮服务人员应当在餐车门内规定位置立岗迎送旅客。

（6）动车组列车供应的食品、饮品应当品种丰富，价格合理。餐饮经营单位应当经常征求旅客对饮食服务的意见，并根据旅客意见调整供应品种、品质，改善餐饮服务质量。

(7) 动车组列车餐车内的餐饮相关设备由餐饮经营单位负责日常使用、保养，确保设备运用状态良好。

(8) 动车组“六乘”人员的用餐由餐饮服务单位提供，按各铁路局规定标准收费，乘务餐应当保证分量充足、营养搭配合理。

2. 餐饮供应要求

(1) 制订科学合理、营养健康、绿色环保的餐饮品种体系，针对不同区域、不同季节、不同时段、不同层次旅客的需求，提供规范标准的餐饮产品。

(2) 餐饮品种应丰富，口味应多样，食用应方便、快捷，并应根据旅客的要求及时调整。

(3) 餐食成品的各项主辅料搭配要定量化，设置科学合理的上下限标准，并在外包装上标明。

(4) 营养搭配合理，各种营养素含量符合国家有关标准。

(5) 餐饮应质价相符、物有所值，满足旅客旅行中的基本餐饮需求。要充分考虑铁路票价和乘客的消费水平，提供高、中、低不同档次的供应方案。对于旅客必需的餐食品种（如矿泉水等），要坚持保本微利原则。对于非必需的餐饮品种，可根据市场情况提供差异化服务。乘务餐不得高于成本价。

(6) 餐食原料绿色化，不提供以野生保护动、植物为原料的食品。餐具环保化，一次性餐盒必须可降解或可回收。餐食应符合列车环境要求，禁止销售构成旅客人身安全隐患、影响列车环境卫生的食品。

3. 食品要求

(1) 实行烹调加工的配送食品，冷藏温度持续不高于 10 ℃，供餐前应经充分加热，加热后中心温度应持续不低于 60 ℃；无适当存放条件的，存放时间不得超过 2 h。

(2) 预包装食品应标明生产厂名、厂址、生产时间、保质日期和食用方法，符合国家卫生标准。

(3) 一次性餐、饮具必须符合《塑料一次性餐饮具通用技术要求》（GB 18006.1—2009）标准，达到绿色环保要求；餐饮具必须洗净消毒，符合《食品安全国家标准 消毒餐（饮）具》（GB 14934—2016）。

(4) 为旅客提供餐饮服务的动车组应配备必要的食品储存、加热、冷藏或热藏、水池、餐（饮）具消毒、保洁等设施设备，并做到安全无害、清洁卫生。餐（饮）具、食品应定位存放，避免生熟混放、混用。

4. 餐饮包装要求

(1) 餐饮外包装必须标明餐饮成分、食用方法、保质期、生产日期、质量安全图示等标识。

(2) 包装材料必须选择可重复使用、可回收利用或可降解的材料，确保印制或粘贴的标识、标签无毒，且不直接接触食品。

(3) CRH/CR 商标的使用要严格按《商标使用许可协议》施行，CRH/CR 商标应印制在产品外包装的显著位置。未经许可，餐饮服务运营商不得标注自有商标/标识。动车组餐饮包装如图 2-23所示。

图 2-23　动车组餐饮包装

5. 销售服务要求

（1）销售服务规范，销售方式新颖，销售工具先进，销售价格透明，服务态度温馨，就餐环境宜人。

（2）车上销售人员不少于 3 人，最多不得超过 5 人。

（3）销售人员聘用条件符合相关规定的要求。餐饮配送和销售人员应经过铁路知识和专业技能培训，持证上岗。

（4）销售人员要树立热情、文明、自信的专业形象，服装得体大方，语言文明礼貌。

（5）车上餐饮经营必须备有发票。

（6）移动售货在列车始发 10 min 后方可开始，终到前 10 min 停止。不得叫卖、兜售，不允许使用对讲系统，不得干扰旅客，服务过程中主动避让旅客。售货小车应印有动车组标志，具有良好的防撞、刹车性能，不得影响旅客侧身通行。

（7）餐车经营要确保环境整洁，秩序良好。餐饮宣传品摆放位置合适，不得随意粘贴。列车终到前，服务人员要及时整理餐车，恢复原貌。餐车备品须符合国家环保要求，印有动车组标志。

（8）未经同意，不得在动车组列车上发布任何广告。

（9）运行途中的饮用桶装水由销售人员负责更换，折返站饮用桶装水由餐饮服务单位负责配送。

2.3.3　保洁管理

1. 基本要求

（1）动车组列车保洁工作由与铁路局签订保洁合同的专业保洁公司承担。保洁公司应当通过 ISO 9000 质量认证。

（2）保洁公司负责动车组列车保洁工作，客运站段负责保洁质量验收与考核。

（3）进行保洁作业时应当爱护动车组列车设备，保洁时使用的清洁剂类用品应当是经过认证机构认证的产品。客运、卫生监督、车辆等有关部门应当对保洁工作中涉及卫生环境质量和爱护站车设备等方面的内容进行检查指导。

（4）动车组列车要通过广播、图形标志、电子显示屏、文字提示等形式向旅客广泛宣传环境保护和禁止吸烟规定，提示旅客不得随意丢弃杂物，爱护公共卫生。

（5）卫生防疫部门要按规定对动车组列车服务场所进行消毒、杀虫、灭鼠工作，客运部门、保洁公司要给予配合。

（6）餐饮、保洁单位应当遵守动车组列车有关管理制度，加强对现场服务质量的监督检查。餐饮、保洁单位管理人员登乘动车组监督检查时，应持有“动车组餐饮、保洁专用添乘证”供站车查验，监督检查应有检查记录。“动车组餐饮、保洁专用添乘证”由国铁集团运输统筹监督局填发，限登乘本公司担当的动车组。

2. 动车组车厢卫生和防疫要求

（1）车厢内微小气候、空气质量、噪声、照明应符合国家相关标准，禁止吸烟。

（2）空调通风设施应定期清洗消毒，定时强制通风，保持空气清洁。

（3）车厢内公共卫生设施性能良好，能够正常使用，车内清洁，无积尘、无积垢、无杂物，座椅头枕片定期更换。动车组运行中的保洁作业如图 2-24 所示。

图 2-24 动车组运行中的保洁作业

（4）厕所通风良好、无臭味，便池和便器清洁，无积便、无尿垢，坐便器应配备一次性垫圈。

（5）动车组应达到无鼠、虫害的卫生要求，餐饮、食品售货场所需配备防鼠、防虫设施和药品。

（6）动车组必须取得公共场所卫生许可证，食品经营单位必须取得食品卫生许可证；动车组乘务人员、配送食品的从业人员及保洁人员均须持有效健康证明，并参加卫生知识培训后上岗。

（7）动车组应建立突发公共卫生事件处理预案，配备急救药箱，保证药品器械齐全有效，做到专人保管，做好使用登记并及时补充药品、器械；动车组应有兼职红十字卫生员，负责动车组运行途中身体异常旅客和乘务人员的现场急救处理。

（8）铁路卫生监督机构实行出库始发列车全项检查和折返始发、终到、中途重点检查制度。站车卫生监察人员应进行现场监督检查，填写《旅客列车动车组卫生监督检查表》，进行符合率判定并提出监督意见。对违反《旅客列车动车组卫生监督管理暂行办法》的行为，依据有关卫生法律法规的规定予以行政处罚。

3. 动车组保洁工作模式及内容

1）库内保洁

库内保洁指动车组在库内完成车体内外的全面保洁，包括动车组各车厢内各部位全面清洁（不含动车组驾驶室内保洁）。

（1）餐车内部：清洁厨房空调口、天花板、微波炉、烤箱、服务台、垃圾桶、车内门缝、装饰板、化妆镜、餐台、餐桌、座椅、地面。

（2）卫生间及洗脸间：清洁卫生间门、外壁板、厕所内壁板、天花板及厕所镜子、厕所垃圾桶、厕所纸架、厕所地面；清洁洗手池、马桶、垃圾箱、垃圾投掷门和垃圾箱门、地板。

（3）车厢内：清洁列车内壁板、天花板、空调口、遮阳板、玻璃镜、窗台、小桌板、行李架、座椅扶手、座椅书报袋、门帘、地面，调整座位方向、窗帘归位。

（4）一等座车车内地毯：保持地毯整洁、干净。日常运行中发现明显污脏的重点部位，应及时清洗。

（5）列车外皮洗刷：清洗全列车门的门框、窗框、车外皮及车梯。

（6）座椅干洗：原则上每季度对动车组无座椅套的座椅全面干洗两次，保持座椅整洁、干净。日常运行中发现明显污脏的个别座椅，应在折返保洁时作为车内整备内容，及时干洗。

（7）备品整备：将动车组各车厢需配备的洗手液、芳香球、卫生卷纸、面巾纸（盒装）、垃圾袋（分类配送）、清洁袋（放于座椅书报袋）、靠头巾（套）、桶装饮用水、一次性垫圈（或卫生间消毒巾）、旅客须知、服务手册、报刊等备品进行规范整备。

（8）座椅转向列车始发前进方向，窗帘拉放至统一位置。

（9）清洁工具备品定位摆放、垃圾在指定点投放，规范处理保洁污水。

（10）库内保洁必须在列车进入车库起的 2 h 之内全部完成。列车进库之前，基地保洁领班应该将当天的保洁人员做好配比和具体安排；车库清洁期间，保洁领班或组长应该在保证清洁质量的同时，控制好每道保洁工序的时间，并且做好现场调度和整合。

库内保洁如图 2-25 所示。

2）折返保洁

折返保洁指动车组在折返站停车期间实行折返保洁。在规定时间内，对车厢迅速进行基本清扫和整理。折返保洁如图 2-26 所示。

（1）卫生间：清洁卫生间内洗手池、便池、厕所壁棚、厕所镜、台面、洗手液瓶、纸架、地面，清理垃圾，净化空气。

（2）车厢内：清洁地面、倒垃圾、清理座椅书报袋、整理车容。

（3）其他：座椅转向列车始发前进方向，窗帘拉放至统一位置。

（4）清洁车窗上沿以下的车外皮、车梯，清洁工具备品定位摆放，规范投放垃圾，规范处理保洁污水。

图 2-25 库内保洁

图 2-26 折返保洁

3）途中保洁

途中保洁指动车组运行途中由专业保洁人员随车开展保洁。保洁人员随车对车厢内的环境卫生做到随脏随清。

（1）备品整备：将动车组需配备的洗手液、芳香球、卫生卷纸、面巾纸（盒装）、靠头巾（套）、垃圾袋（分类配送）、清洁袋（放于座椅书报袋）、一次性垫圈（或卫生间消毒巾）、防尘脚垫、旅客须知、服务手册、报刊等备品进行补充和规范整备。

（2）卫生间：收集处理厕所垃圾，清洁洗手池、便池，清洁厕所镜子、台面、洗手液瓶，清洁厕所垃圾桶、厕所纸架、厕所地面，净化空气。

（3）车厢内：清扫地面、倒垃圾。

（4）收集车内垃圾并在指定车站投放。

4. 动车组保洁作业时间标准

库内保洁作业在列车出库前 1 h 完成；折返保洁在列车开车前 10 min 完成，最短作业时间不得少于 5 min；途中保洁在列车运行中全程进行。

1）库内保洁作业时间标准

列车入库前30 min，保洁人员做好工作准备，各就各位，定人定岗。列车进入车库后，保洁人员迅速进入各自岗位，对列车内外同时清洁，平均每列车清洁作业1.5 h以内。

2）折返保洁作业时间标准

在列车到站前10 min，保洁人员做好准备，定人定岗。列车停稳及旅客下车后，保洁人员要快速进入列车内，按照折返保洁标准做完保洁。列车运行途中保洁公司安排保洁人员按照途中保洁要求提供随车保洁。

5. 动车组保洁作业规定

（1）动车组保洁作业应纳入动车运用检修作业计划统一管理，服从动车运用所调度指挥，在规定的时段内完成。保洁人员作业前应提前接受作业计划，作业完毕及时报告并办理相关签认手续。

（2）车体外部人工清洗时必须确认车顶接触网断电。应严格执行接触网断电作业制度，作业时由保洁人员提出断电申请，由动车运用所接触网供断电工负责断电操作。

（3）车体外部人工清洗不得使用高压冲洗设备，并避免直接用水冲洗电气部件、转向架及车体裙摆散热隔栅。冲洗动车组外墙时，应确认动车组侧门关闭，避免门滑道进水。

（4）采用自动清洗机作业时，应严格执行设备操作规程和安全规定。在轨道桥及高架地沟线作业时，须经二层作业平台或移动作业平台上、下动车组。使用梯子等工具清洁动车组外墙时，梯子端部必须包扎软质材料，避免碰伤动车组外墙。

（5）严禁操作动车组配电柜、司机室驾驶设备等与保洁作业无关设备。

（6）使用吸尘器等电器工具，应保证设备状态良好。使用客室外置电源插座，禁止擅自接电。保洁电器的技术规格须由动车组运用所审核、备案，电器功率应控制在插座许用功率以内。

（7）应使用中性偏碱性清洗剂，不得使用含磷、硅、亚硝酸盐物质的清洗剂，清洗剂要具有良好的乳化、润湿和去污性能，对油漆无损伤。严禁使用强酸、强碱和不明化学性质的清洗剂。

（8）保湿擦拭时应使用棉布等柔软材料，禁止使用钢丝球、刀片等锋利、尖锐工具铲刮污垢。厕所便器、洗面盆等处污垢，可蘸少许清洁剂擦拭；客室内墙板、顶板、玻璃、门窗、小桌等应使用半干半湿的软毛巾擦拭，污垢处可蘸少许清洁剂擦拭，清洁后及时消除残迹；洗脸池、冲便器、门等处的感应器外表面必须使用干燥的软布擦拭。

（9）清洁车内地面时，原则上应采取吸尘器、墩布等清洁工具，地面垃圾较多时，方可使用扫帚清扫，使用墩布前应将水拧干，严禁用水直接冲刷地板、通过台、厕所墙板、密接风挡。

（10）座椅和地毯等处污垢的清洁，须在专业厂家指导下执行专门的清洁工艺，使用专用的清洗剂。

（11）禁止敲击动车组车门、内外墙板及各类设施设备。登高作业不得踩踏座椅、小桌板、洗手盆等设备。

（12）禁止向洗手盆及便器内投放杂物、排放污水。车上清扫出来的垃圾，必须袋装，在作业完毕后由保洁部门统一运走处理，不得随意抛撒。

（13）保洁作业结束后必须将打开的各处盖板、小门复位、关闭，并检查、确认工具和设备已撤出车辆限界之外，确保动车组移动安全。

（14）因保洁作业造成的外墙划伤、设备损坏等应由保洁部门承担相应的修复费用，动车组运用所负责组织修复。

2.3.4 服务设施设备管理

1. 动车组运用管理

（1）车辆段（动车组运用所）按规定的修程、修制，完成动车组的运用检修，确保动车组出库时技术状态达到标准要求。

（2）机务段在动车组运用所设派班室和待乘室，安排本务司机按计划出乘。本务司机在派班室出退勤。动车组运用所应根据需要提供司机候班待乘室。动车组出入库作业由本务司机负责。

（3）动车组运行途中突发故障影响行车安全时，值乘司机须及时向列车调度员和动车组运用所调度汇报。同时与随车机械师依据车载信息系统提示的处理方法排除故障。属司机独立处置的，处理完成后应及时将情况通报随车机械师；属司机与随车机械师协作处置的，在司机指挥下，共同处理；属随车机械师独立处置的，处理完成后及时将情况通报司机。

（4）动车组车门操作。动车组发车前，列车长确认旅客上下车完毕后，通知司机关闭车门；动车组到站停稳后，司机开启车门。按钮不在司机操作台上的，由列车长通知随车机械师关闭、开启车门。如自动开关门装置故障时，由司机通知列车工作人员手动开关车门。

（5）动车组司机室门的管理。运行中主控司机室隔断门的管理由司机负责，除随车机械师以外，其他人不得入内，因工作需要进入司机室的按国铁集团相关规定执行。非操纵端司机室隔断门由随车机械师负责锁闭，未经许可任何人不得入内。主控司机室侧门侧窗由司机负责锁闭。

2. 车内设备使用和管理

（1）动车组出库前，客运段应安排质检人员参加动车基地（所）组织的出库联检，负责对车厢内服务设施设备状况、保洁质量进行检查确认，并办理交接手续。质检人员应熟悉动车组内与客运相关的安全、服务设施设备，以及客运整备、保洁标准，并经过培训合格，持证上岗。

（2）动车组列车内配电柜、车载信息系统、旅客信息系统、车内空调及照明等设备由车辆部门负责管理和维修，使用时由随车机械师操作。客运服务设施设备在运行中发生故障时，客运乘务人员应及时通知随车机械师进行处理，并由列车长填写在乘务日志上，随车机械师与列车长共同确认，填写上部设施破损记录（客统-36），双方签字。

（3）动车组车内自动播放装置的管理及检修由车辆部门负责。播放内容由客运段负责，按规定要求录制，并可根据需要进行调整、更换，由车辆部门负责及时录入。

（4）座椅转向、更换桶装水，以及饮水机插座插拔，均由客运乘务人员负责。餐车设备由餐饮服务人员负责使用和维护。

（5）车上各设备和装置未经车辆部门审批，任何单位不得进行任何改造或加装。

3. 动车组的整备和保洁管理

（1）动车组转向架异物清理、车顶设备保洁、吸污作业由车辆段负责。

（2）动车组的客运整备和车内保洁由客运部门负责，动车组司机室内部保洁由机务段负责。

（3）进行客运整备和车内保洁作业时，不得损害车辆板壁及外观，不得用水冲洗地面；信息显示和触摸屏不得使用坚硬或者湿抹布擦洗；不得在库内使用紧急开门装置；车上垃圾和污水不得在车上排放，必须集中收集到动车组运用所指定的位置。应清洁饮水机槽、洗脸池等装置的排水孔和管路。保洁人员必须对使用的保洁设备进行检查，确认设备状态良好后方准在车上使用；保洁人员不得随意操作其他设备，如自动门、有关电气设备，以及控制柜柜门等，动车组在库内停留时车内窗帘和自动门设备必须处于常开位。

（4）库内吸污作业由车辆段负责，列车集便处理时间和地点由车辆部门确定，合理确定作业时间和地点，按照日检修计划下达任务，及时吸污，保证旅客正常使用。

库内吸污作业如图 2-27 所示。

图 2-27　库内吸污作业

4. 动车组看守管理

（1）进入运营使用状态的动车组由客运部门负责看管；在动车组运用所库内检修、在存放点未进入使用状态的动车组（含检修、临修库、存放线）由公安部门负责看管，由车辆段负责每年与铁路公安处签订看守车协议。

（2）动车组要存放在整备库内或存放在指定的股道上，不得随意乱放。动车组到、发线及作业股道要相对稳定，方便动车组进、出入库。遇有特殊情况时，车站、车辆段要及时联系。

动车组入库存放如图 2-28 所示。

图 2-28　动车组入库存放

【实训】

高速铁路乘务工作组织实训

【实训目标】

（1）了解高速铁路乘务工作的主要内容。

（2）掌握高速铁路旅客列车客运、餐饮服务人员作业标准，高速铁路旅客列车基础管理规定。

（3）培养自主学习能力。

【实训内容与要求】

第一步：由教师介绍实训的目的、方式、要求，调动学生实训的积极性。

第二步：对学生进行分组，确定各小组的组长和人员分工、小组学习方式，制订小组学习计划，了解团队要做什么，要达到什么目的。

第三步：由教师介绍高速铁路乘务工作组织的讨论话题。

第四步：各小组对教师布置的问题进行讨论，并记录小组成员的发言。

第五步：根据小组讨论记录撰写讨论小结。

第六步：各小组相互评议，教师点评、总结。

【实训成果与检测】

成果要求：

（1）提交案例讨论记录：3~5 名学生一组，设小组长 1 人、记录员 1 人，每小组必须有小组讨论、工作分工的详细记录，以作为考核成绩的依据。

（2）能够在规定的时间内完成相关讨论，撰写文字小结。

评价标准：

（1）上课时积极与老师配合，积极思考、发言。

（2）认真阅读案例，积极参加小组讨论，分析问题思路较宽。案例分析基本完整，能结合所学理论知识解答问题。

（3）积极参与小组活动，具有团队合作精神。

项目 3

高速铁路营销工作组织

【知识目标】

- 了解铁路客运市场调查与预测方法；
- 了解高速铁路客运营销系统；
- 了解高速铁路品牌。

【技能目标】

- 能够根据高速铁路客运服务产品策略来完成相关工作；
- 能够根据高速铁路客运价格策略来完成相关工作。

【学习重点及难点】

- 学习重点：铁路客运市场调查与预测、高速铁路客运营销系统、高速铁路品牌。
- 学习难点：高速铁路客运服务产品策略、高速铁路客运价格策略。

【本章知识结构图】

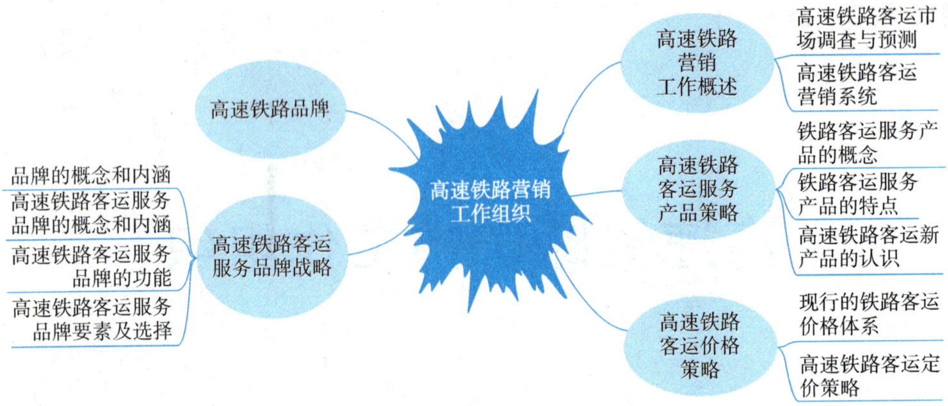
高速铁路营销工作组织
高速铁路品牌
高速铁路客运服务品牌战略
品牌的概念和内涵
高速铁路客运服务品牌的概念和内涵
高速铁路客运服务品牌的功能
高速铁路客运服务品牌要素及选择
高速铁路营销工作概述
高速铁路客运市场调查与预测
高速铁路客运营销系统
高速铁路客运服务产品策略
铁路客运服务产品的概念
铁路客运服务产品的特点
高速铁路客运新产品的认识
高速铁路客运价格策略
现行的铁路客运价格体系
高速铁路客运定价策略

3.1 高速铁路营销工作概述

我国铁路运输长期处于卖方市场，在供不应求的市场环境下，营销的主要任务是经济合理地配置有限的运能资源。相对于国内航空运输企业和国外铁路企业的市场化运营，我国铁路企业的市场营销尚处于起步阶段，营销组织还不健全，缺乏一套完整的营销程序，营销方法以经验为主，销售渠道比较单一，客户关系管理还很欠缺。因此，建立并完善高速铁路市场营销体系不仅十分迫切，而且任务艰巨。

3.1.1 高速铁路客运市场调查与预测

1. 高速铁路客运市场调查

客运市场调查是运用科学的方法，系统收集、记录、整理有关客运市场营销方面的各种信息，分析、研究客运需求的变化规律，为决策者进行科学预测，制订计划，做出经营决策提供重要依据。铁路部门通过对历年客运统计资料的积累和分析，可以了解和掌握客流在流量、流向、流时、流程各方面变化的一般规律及当前动态。但统计报告只能说明过去，必须进行客运市场调查，从而掌握客流变化的动态信息，为制订未来长期的客运计划提供可靠的资料。高速铁路客运市场调查必须遵循真实性、系统性、经济性，以及时效性原则，一般分为以下阶段。

1）准备阶段

准备阶段的重点是根据企业的经营目标，确定调查课题，以便制订一个切实可行的调查计划。

2）设计阶段

设计阶段是对一系列调查事项做出决定，明确从调查中所要得到的资料及所要做的工作，最后形成一个主体计划。

3）调查阶段

调查阶段是正式进行调查并通过资料分析得出结论的阶段，所以该阶段又称为结论性调查阶段，这是市场调查的主要阶段。

市场调查方法是指通过实地调查，收集有关市场原始资料的方法，也称为实地调查法。市场调查方法一般有以下几种。

（1）固定样本连续调查法，又称固定样本小组调查法，是指从总体抽出若干样本组成固定的样本小组，在一定的时间内，通过对样本小组反复的调查来测定市场趋势的方法。这种方法用于了解市场依时间而变化的趋势，如人均收入、年乘车次数、服务要求、存在的问题等。

（2）询问法。询问法是以询问的方式作为收集资料的手段，将所要调查的事项，以当面或电话或书面的形式向被询问者提出询问，以获得所需要的资料的一种调查方法，常用的询问方法有个人访问法、电话调查法、通信调查法等。

（3）观察法。观察法是调查人员直接到调查现场进行观察的一种收集资料的方法，可以携带照相机、摄影机、录音机等进行录音和拍摄。这种方法不直接向旅客和工作人员提出问题，而是从旁边观察并记录所发生的事实，观察和记录旅客、员工在旅行、作业过程中的习惯、态度和行为等。

（4）问卷调查法。问卷又称调查表或询问表。设计问卷是问卷调查法的关键，完美的问卷应该具备两个基本功能：①能将问题清楚地传达给被问人；②能使被问人乐意回答。因此，问卷的设计应遵循以下原则：有明确的主体；结构合理，逻辑性强；通俗易懂，一目了然；具备合理性和可答性；问卷长短应合适；统计方便。

2. 高速铁路客运市场预测

（1）确定目标，制订计划。为了保证市场预测目标的顺利实现，应制订具体周详、切实可行的预测计划，具体包括以下内容：预测工作负责人、预测前的准备工作、收集和整理资料的步骤和方法、预测方法的选择、预测准确度的要求、预测工作的期限、费用等。

（2）收集和整理资料，包括有目的地收集目标市场未来发展的有关资料和对已有的原始资料进行整理。

（3）选择预测方法。市场预测方法有很多，如何选择适合预测对象特点的预测方法，是非常重要的一步。可根据不同的标准来选择预测方法，预测方法的选择标准主要有预测期的长短、历史数据的类型、预测费用、预测准确度和预测适用度等。

（4）分析和修正预测结果。对预测结果的分析和修正，就是对预测误差的分析和修正，就是要分析哪些是系统误差，哪些是随机误差，如果是系统误差，应进一步从预测者、预测数据或预测模型上分析产生误差的原因，以便及时调整人员的判断、提高数据质量，以及改进预测模型。

3. 定性预测和定量预测

1）定性预测

定性预测是利用预测者所掌握的信息，发挥预测者直观判断能力和理性思维能力的预测方法。定性预测常被作为定量预测的前提，定量预测离不开定性预测。定性预测最大的优点是能集思广益，简单易行，使用方便，在缺乏足够统计数据或原始数据的情况下，可以做出定性结论。定性预测方法有很多种，如集体意见法、德尔菲法、主观概率法等。

2）定量预测

定量预测系统输入的是历史数据，而历史数据是决定数学模型参数的主要因素。如果输入的历史数据仅仅是预测对象自身的历史数据，那么所采用的数学模型称为时序模型，历史数据称为时间序列。如果输入的历史数据不仅有预测对象的数据，还有同预测对象有关的其他因素数据，那么所采用的数学模型称为因果模型。时序模型和因果模型是两类不同的定量预测模型。

（1）时序模型预测法。

时间序列是对同一变量的一组观测值，按其发生的时间先后顺序排列的一组数据数列。如果数据序列是连续的，称为连续时间序列；如果数据序列是离散的，称为离散时间序列。如果一个时间序列的未来值可用某一数学函数来确定，则称为确定型时间序列；如果一个时间序列的未来值，只能用概率分布来描述，则称为随机时间序列。随机时间序列是由一串随机变量 X_t（$t=1, 2, 3, \cdots$）所构成的序列，对每个固定时刻 t，X_t是一随机变量。一个随机序列的统计特性完全由其概率分布确定。在实际中，确定某一时间序列的概率分布函数是相当困难的，因此，我们只需掌握某些特征参数，如均值、方差等。

时序模型主要有移动平均法、指数平滑法、时间序列回归法、二次曲线法、生长曲线法等。

（2）因果模型预测法。

在市场经济预测的定量方法中，因果法是与时序法不同的另一类预测方法，后者侧重从时间轴来考虑预测对象的变化和发展，其数学模型一般是时间的函数。而因果模型即因果关系模型，就是找出预测变量与其他变量相联系的规律和数学模型，这里的其他变量是指自变量，称为“因”，预测变量是因变量，称为“果”，在“因”和“果”之间建立数学模型。在因果法中，时间成了隐含的因素，而与市场变化相关的因素，如人口数量、人均收入、客运能力、票价水平等，成了应当直接考虑的因素。

同时序模型相比，因果模型引进了更多的变量，因而数学模型也比较复杂。在因果法的数学模型中，主要有回归分析模型、投入产出分析模型等。

思政课堂

铁路运行“一天一张图”

2020年2月，随着疫情防控形势的变化，铁路出现了“一天一张图”的运行态势。

据中国铁路沈阳局集团有限公司（沈阳局）介绍，随着各地复工复产有序推进，铁路客流逐日递增。预计25日全局发送旅客11.9万人，客流已连续11天出现回升。

沈阳局客运营销中心产品开发部经理肖立国告诉记者，铁路的售票系统每天都会提供数据，及时了解预售情况，由于近期客流回升明显，铁路部门实行“一日一图”，以满足客流变化需要。

一张运行图，火车行万里。所谓“一日一图”，是根据不同时间段客流需求的大小，每天实施不同的运行图，适时增减列车开行数量，对客流较大、运能相对紧张的方向，根据售票情况及时增开列车，避免旅客滞留。

2月25日，421名外出务工人员从长春西站、四平站陆续登上G4256次务工专列，将于当晚到达目的地无锡和昆山。这是沈阳局方便外出务工人员返程返岗，定制化开行的首趟高铁务工专列。

“根据国铁集团要求，售票率超过50%会显示红色。我们根据每天的数据情况，预先安排列车重联、加开等。”肖立国说，元宵节后客流明显上涨，各地陆续复工后，铁路客流再次迎来上涨。

以2月24日为例，沈阳局当日预计发送旅客11万人，铁路部门提前安排，对沈阳至朝阳、沈阳北至宁波、吉林至上海虹桥等20列列车进行重联，恢复丹东至大连、长春至白城、沈阳北至苍南等36列列车的开行。

此外，为加强疫情防控工作，沈阳局对旅客进行实名验证，严格进行体温检测，分散进出站客流，在候车室、售票处等人流密集处所加大消毒、保洁频次。对列车回风滤网、蒸发滤网逐一清洗，对车厢门把手、水龙头、厕所等设施随时擦拭消毒。

（改编自新华网2020年2月25日文章《铁路运行“一天一张图”》，作者：徐扬、丁非白）

3.1.2 高速铁路客运营销系统

高速铁路客运营销不涉及行车控制，因此信息没有实时性的要求，但是要求信息的传递必须及时。高速铁路客运营销系统主要包括信息的浏览、查询等，强调为企业、客户提供信息服务。同时通过信息的收集、整理和共享，为决策支持提供基础。系统以信息为中心，进行信息收集、整理、共享、应用及深层挖掘，实现以信息技术为基础的高速铁路运营和管理过程控制。高速铁路客运营销系统主要包括电子商务系统和客票营销分析与决策支持系统等子系统。

1. 电子商务系统

1）系统概述

电子商务始于20世纪90年代，是利用电子网络进行的商务活动。目前关于电子商务前景的预测每3个月就会更新一次。我国电子商务的发展在金融、外贸、民航等系统已经取得了很大成效，近年来各类企业利用互联网开展电子商务活动的积极性也日益高涨。

高速铁路以客票系统为基础，提供旅客出行的一体化服务，实现旅客联运链的全程电子化，包括预约、售票、咨询一体化，铁路客票预售系统与航空、公路、宾馆等预约系统联网，旅客可一次预订火车票、飞机票、船票、宾馆住所，甚至是自用小汽车的停车位；服务手段多样化，旅客可在任何场所，包括家庭、旅馆、商店等随时用手机或计算机询问实时信息、咨询和办理客票的预订业务；服务内容广泛而丰富，除列车车次、票价、到发时间等基本服务信息外，还能向旅客提供与旅行有关的各种信息，如与其他方式交通工具及城市公共交通工具的接续信息，以及气象、旅游、购物等信息。

铁路电子商务系统——12306客户服务平台如图3-1所示。

图3-1 铁路电子商务系统——12306客户服务平台

2）系统功能

电子商务系统是企业与客户进行商务操作的系统。系统的主要服务对象是需要进行商务操作的客户。通过电子商务系统，客户可以在企业电子商务系统中进行各种信息的浏览、查询，特别是列车时刻、车票余额、票价、出行方案等信息并可以通过银行卡等与银行系统连接的方式进行电子支付。支付完成后，企业电子商务系统得到银行系统的支付确认后，通过密码（二维码)、专用凭据打印机或本地读写卡设备为用户提供车票。客户凭系统提供的密码（二维码)、凭据等，到车站、代售点、自助售票终端换取报销凭证，或者直接利用身份证件通过自动检票闸机。

电子商务系统提供了更为快捷方便的营销方式，客户不用离开家门，就可以浏览、查询到满意的商品，进行订购、支付等操作，享受到便捷的购票服务。同时，企业开展电子商务，也为企业减少了营销中间环节，降低了运营成本。

3）系统结构

电子商务系统包含用户区域、企业商务处理、银行货币交易三大块。用户通过各种通信方式连接企业的电子商务服务器，获取商务信息，进行商务操作。企业可以自行解决电子商务中的支付问题，考虑到安全性问题，也可以通过银行的支付体系进行电子支付。如果客户自行操作有困难，可以通过网络连接客户服务系统，由客户服务中心员工协助处理。

电子商务系统主要提供信息管理、浏览查询、交易处理、支付体系等。客户通过浏览商品信息，进行订购、支付。该系统包含如下功能模块。

（1）商品信息管理。

电子商务系统中所有信息都通过统一的管理后台进行管理，包括商品的上架、下架，信息的修改等。信息采用分类管理，各种类别可以动态调整。管理的商品信息，包括电子客票，也包括周边的旅游、住宿、餐饮等。

（2）智能查询。

查询内容包括列车时刻、票价、余额等，也提供出行方案，提供公路、水运、民航等多种配套预订操作。信息中心通过专用通道，联接到其他管理系统，获取列车运行情况。对于高速铁路而言，客户最为关心的是列车时刻、票价及是否有余票等。以前客户要获取这些信息，最常见的方式是到车站售票大厅排队问询。但是这种方式是相当耽误时间的。随着网络的普及和发展，越来越多的人习惯于通过网络浏览、查询相关信息。由于采用自动售检票系统，客户可以实时对列车、票务信息进行跟踪，了解相关情况，获得更为人性化的服务。系统具备一定的智能性特征，可以对用户提供的关键信息进行分析，包括语法分析、语义分析，提供自然语言检索。

（3）商务预处理。

商务预处理包括各种商品、服务的预约、购买等。如轮椅、停车场车位预订，火车票购买，以及配套的食宿预约等。用户根据账号密码，可以了解当前的预约情况，对预约商品信息进行变更操作。

（4）支付体系。

支付体系提供多种支付方式，包括支付宝支付、微信支付等。如果是大客户或高信誉用户，更可以享受记账式服务，采用月结或者年终结算的方式。

（5）配送体系。

交易成功后，客户获得特定二维码，或者利用身份证件，进站上车。这样，可以极大地方便客户的商务操作，节省大量的人力、物力。

2. 客票营销分析与决策支持系统

客票营销分析与决策支持系统是以运输理论和客运市场信息资源为基础，以现代决策分析方法为手段，以先进信息技术为支撑而建立起来的智能化系统，其为客运部门进行科学、高效的决策提供辅助支持。该系统在提高铁路旅客运输管理智能化、经营管理现代化方面发挥极为重要的作用。

根据《铁路信息化总体规划》的指导思想、建设原则、总体目标、实施战略，客运营销辅助决策系统通过分析客运营销业务的需求，完善客运营销理论，建立旅客运营指标体系，以客运市场调查分析、产品设计、方案评价为核心，从信息组织、体系架构、功能设计、网络结构等方面对系统进行规划，构建统一的、完整的、信息共享的客运营销辅助决策系统。

在高速铁路客票中心专设一台服务器，与客运营销部门的计算机组成局域网，利用客票系统各个车站传送上来的售票、退票、检票等数据，经过数据仓库汇总整理和统计分析，为客运营销、管理部门提供分析、决策依据。

完备的信息搜集系统是制定科学营销策略的基础。客票营销分析与决策支持系统利用车站信息系统强大的收集功能，定期采集、汇总、分析旅客信息和旅客需求变化情况，以及客运部门运能的利用和收入情况等。结合铁路运输基础信息，为日常客流统计、售票情况、列车利用率，以及未来客流的预测和分析提供及时、有效、准确的数据。同时将有关客运产品信息、列车调整计划、车票发售动态信息等通过客户服务中心提供给旅客和社会，从而形成集信息采集、统计、分析、反馈于一体的旅客营销决策支持子系统。

3.2 高速铁路客运服务产品策略

3.2.1 铁路客运服务产品的概念

产品是指向市场提供的能满足消费者需求的任何有形物品和无形服务，而铁路客运服务产品是指旅客从购票、进站候车到乘坐列车，到达目的地全过程所得到的运输服务及附加服务。铁路客运产品由3个基本层次组成：核心产品、形式产品、附加产品。

3.2.2 铁路客运服务产品的特点

由于铁路运输业本身的产业特点，以及铁路运输组织的方式，铁路客运产品具有自身特点，这直接影响了铁路客运产品策略乃至整个营销策略的设计。

1. 无形性

铁路客运服务产品是无形产品，是人的位移，旅客在购买铁路客运服务产品之前不可能看到、听到或感觉到这种产品的属性。

2. 生产和消费的不可分性

对于铁路客运服务产品，消费过程是与生产过程结合在一起的统一的过程，具有生产和消费在时间上的一致性。

3. 不可存储性

铁路旅客列车只有被消费才是有效的生产，否则只能被浪费。

4. 生产的联动性

铁路企业是一个多行业、多工种联动的集团性企业，每一客运产品的完成，是铁路车、机、工、电、辆各子系统共同协作的结果。

5. 客运产品需求的多样性

铁路客运的对象是人，人作为主体，由于年龄、性别、居住地区、经济水平、出行目的、偏好、风俗习惯等的不同，必然对铁路客运服务产品有着不同的需求。

3.2.3　高速铁路客运新产品的认识

创新产品是企业具有活力的重要表现。铁路客运服务产品长期不变，难以满足日益增长和变化的旅客需求，难以在市场竞争中立足。高速铁路客运服务产品可以称得上是创新的产品，是科学技术取得重大进步而创造的产物，它带给消费者的是一种全新的感觉，能够满足旅客新的需求。运输产品策略是运输企业市场营销策略的中心，是运输企业为达到长期经营目标，从发挥企业经营能力的优势出发而采取的运输产品决策，是使企业适应市场的有效手段。

3.3　高速铁路客运价格策略

3.3.1　现行的铁路客运价格体系

铁路客运价值包含3个组成部分。

（1）已消耗的生产资料的价值，即转移价值，其中包括机车车辆的磨损、技术设备的使用和能源的消耗等。

（2）铁路运输人员为补偿自己的劳动所创造的价值。

（3）为社会创造的价值。

上述3个部分在价格的构成中对应的表现为生产资料消耗支出、劳动报酬支出和盈利。生产资料消耗支出与劳动报酬支出之和组成了铁路客运生产的成本。

铁路客运价格是铁路运输企业为旅客提供运输服务所收取的价格，它是以价值为基础的。铁路客运价格体系主要由旅客票价、行李、包裹运价、特定运价和客运杂费组成。这些年来，铁路统一运价的格局逐渐被打破，形成了以统一运价为主，特殊运价及地方运价等多种客运运价形式并存的格局。

目前，我国现行的铁路客运运价制度还存在许多问题，主要表现在以下几个方面。

（1）客运运价管理体制过分集中。客运运价对平衡供需和促进合理运输，调节各种交通工具间合理分工的作用比较明显。由于各地区的政治、经济、文化、科技发展水平和供求关系存在差异，而现行的过分集中的运价管理体制无法灵活地实行多种形式运价，不能发挥客运运价的调节功能。

（2）各种票价比例不尽合理。旅客客票票价按运输条件的差别主要表现在列车等级（高铁、动车、直快、特快、快速、普快等)、席别（硬座与软座、硬卧与软卧等）票价及特殊服务（如空调）的附加费上。而现行的票价的比价关系与运输成本的比例关系，同运输成本递增幅度相脱节，背离了以运输价值为制订运价基础的基本原则。

(3) 铁路客运运价管理是铁路经营管理的薄弱环节。新中国成立以来，我国铁路运价实行高度集中的管理制度，并且铁路财务实行收、支两条线制度，不利于发挥铁路运价管理机构的积极性。随着经济体制改革的深化，经营机制的转换，为保证铁路自身发展，建立健全运价管理机制，做好运价的基础管理，是十分必要的。

3.3.2 高速铁路客运定价策略

高速铁路客运专线作为一种全新的客运产品推向市场，能否在市场上站稳脚跟，并给企业带来效益，定价因素起着重要的作用。定价策略包括以下 3 种。

1. 撇油定价策略

这是一种高价策略，即在新产品上市初期，将价格定得很高，以期在较短的时间内获得最大利润。这种定价策略因与从牛奶中撇取奶油（首先把奶油撇走）相似而得名，实行这一策略的优点在于能在较短的时间内取得较大的利润，而且存在一定的降价空间，在未来竞争加强时具有一定的优势。缺点是由于价格远高于价值，新产品不易在用户中建立声誉，不利于打开市场。

2. 渗透定价策略

这是一种低价策略，即在新产品最初投放市场时，价格定得较低，使用户很容易接受，能够很快打开市场。这就如同倒入泥土的水一样，从缝隙里很快渗透进去。采用这种策略的产品，其特点是潜在市场很大，竞争者很容易加入。这种定价策略的优点是由于价格很低，可以迅速占领市场，同时阻止竞争对手加入，有利于控制市场。

3. 满意定价策略

这是一种介于撇油定价策略和渗透定价策略之间的价格策略，所定的价格比撇油价格低，而比渗透价格高，是一种中间价格。这种定价策略是由于生产者和用户都比较满意而得名。

撇油定价策略对高速铁路是不适合的，因为铁路运输生产具有长期性，不能仅因为目前的利益，而不顾今后运输市场的发展。高速铁路采用渗透定价策略是比较适合的，首先，在运输市场激烈竞争的环境下，铁路客运服务的需求弹性大，低价可以促进销售。其次，运输成本、客运收入同客运量的关系较密切，即客运量越大，成本越低，客运产品的销售费用也就越低（单位客运量）。再次，铁路客运市场的潜在市场很大，采取渗透定价，利润微薄，有利于扩大市场占有率。最后，在运输不发达、购买力薄弱的地区只能采用低价策略。在经济比较发达、客运需求弹性较低的地区，也可采用满意定价策略，因为这些地区对价格的承受能力较强，对价格的变动不敏感，适当的高价可以增加铁路部门的收益。

3.4 高速铁路客运服务品牌战略

高速铁路是社会经济和科学技术高度发展的产物，也是运输市场竞争日趋激烈的必然结果。从市场营销的角度来看，对高速铁路客运服务进行品牌化运作是十分必要的，它是继价格竞争和质量竞争之后最为先进的竞争手段，因此，高速铁路客运服务必须制定相应的品牌服务战略。

3.4.1 品牌的概念和内涵

不同的人，从各自的角度出发，形成了对品牌的不同理解。有人认为“品牌”是一种商标，这是从法律意义上说的，强调的是品牌的“不可侵犯性”；有人认为“品牌”是一种牌子，这是从经济意义上说的，强调的是企业知名度、美誉度、影响面及品牌所代表商品的质量、性能，以及消费者对品牌的认识程度，等等；还有人认为“品牌”是一种口碑，一种品位，一种格调，这是从品牌的文化或心理意义上说的，强调的是品牌的档次、名声、美誉，以及给人的感觉等。

关于品牌的定义有很多，不同的定义反映了人们对品牌理解的倾向性，也反映了人们对品牌重要性认识的进化。

（1）奥美公司的创始人、国际广告界大师大卫·奥格威认为，品牌是一种错综复杂的象征，它是商品的属性、名称、包装、价格历史、声誉、广告风格的无形组合。同时，消费者也因为其使用后的印象及自身的经验而对品牌有所界定。

（2）著名营销学家菲利普·科特勒认为，品牌是一个名称、标记、符号、设计或它们的联合使用，以便消费者能辨识不同厂商的产品或服务；品牌包含多方面的内容，至少包括以下6个方面：属性、利益、价值、文化、个性，以及用户。

从狭义的角度看，品牌就是具体、可见的牌子，这个“牌子”由文字、标记、符号、颜色、字体等要素共同构成。从这个角度看，品牌是展示企业或产品形象的一种外显“识别符号”。从广义的角度看，品牌不仅包含文字、标记、符号等要素，而且包括企业或产品所蕴含的各种个性、气质、氛围等内隐的、无形的“气质要素”，这些内隐要素和文字、标记、符号等外显要素共同作用，成为消费者识别企业或产品的重要依据。因此，从这个角度看，品牌是人们对一个企业或是一种产品的全部体验——它的个性、消费者对它的信任、对它所象征地位的感知，以及使用经验等，是一切感受的总和。也就是说，品牌不仅是企业产品的标志，而且代表了企业产品的形象和气质。

1. 品牌不等同于名称

（1）品牌不等同于商品名称。商品名称是特定范围内人们对某一产品的规范化称呼，是以其自然属性和功能来命名的，只具有使人将产品区分开来的功能，并不体现产品的个性，如烤鸭、苹果等都是商品名称。而品牌则不同，它不是一种自然属性，而是一种社会属性，附有产品的鲜明个性及消费者对其的一种心理反应；它是一个企业所生产或经营的这种产品的特殊称谓，它体现了产品个性，象征企业信誉；它是用来区别不同企业产品的一切识别要素的组合。

（2）品牌名称体现了品牌的个性和特色。不同企业生产出来的同一类型的产品，人们单从商品本身很难一下子把它们区分开来，而通过品牌名称却很容易将它们区别开来。但是，品牌名称并不等同于品牌。品牌名称只是品牌众多构成要素中可以用文字表达并能够用语言进行传递与交流的那一部分，而品牌则具有比品牌名称更丰富的内涵。

2. 品牌不等同于标志

标志是品牌中能被识别的但不能用语言直接读出的那一部分，它代表企业或产品的形象，一般由颜色、构图、记号或与众不同的字体等因素构成，能产生直接的视觉效果。企业标志一般可以分为 3 种，图形标志、文字标志和组合标志。

3. 品牌不等同于商标

商标是指由文字、图形或二者的组合，用以区别不同的经营者所提供的不同产品或服务的显著标记，是法律意义上品牌的具体表现形式，是品牌的一个重要组成部分。按是否登记注册，商标可以分为注册商标与未注册商标。商标是否需要注册，一般采取自愿的原则，但对药品、烟草制品要求必须强行注册。注册商标是无形资产，受到法律保护；未注册商标不是无形资产，不受法律保护。如果他人将未注册的商标进行注册并被审核通过后，原使用人就不得再使用该商标。

商标有不同的类别。按商标注册所有人的多少不同，可分为集体商标和独占商标；按商标知名度的高低，可分为驰名商标和一般商标；按商标使用范围和目的不同，可分为统一商标和分商标；按提供商标的主体不同，可以分为证明商标（专门组织提供）和普通商标（企业提供）；按商标申请人的国籍不同，可分为本国商标和外国商标等。

商标是企业按法定程序，向商标注册机构提出申请，经商标注册机构审查、核准后获得的一种品牌，具有法律效力。商标是区别某一产品或服务的重要标志，是受法律保护、有专有使用权的特殊品牌。严格地说，品牌是一个商业称谓，商标则是一个法律术语，前者强调的是企业的经营策略，是一个动态的、多元的概念；后者强调的是法律保护，是一个静态的、单一的概念。

4. 品牌不等同于产品

众所周知，一旦形成某一强势品牌，其就会成为某一产品的代名词。

如果将品牌同产品做比较，最根本的区别在于产品是工厂里制造的东西；品牌则是由消费者带来的东西。简单地说，品牌是消费者如何感觉产品及感觉到什么。消费者购买支付的是一个特定品牌产品而非一个纯粹产品的价格。一个品牌必定包含一种产品，但一种产品未必能成为一个品牌。

（1）产品是具体的存在，而品牌存在于消费者的意识中。品牌是在消费者心中被唤起的想法、情感、感觉的总和。品牌不仅告诉人们能干什么，而且还告诉人们意味着什么。

（2）产品生成于车间等生产场所，而品牌形成于整个营销组合环节。品牌是被“设计”出来的，它要使营销组合的每个环节都能传达一致的、优异的，以及易于感受的信息，而且这个设计动作涉及企业每一个部门。比如，价格的高低被人们看成是品牌档次的一个标准。

（3）产品贵在质量，而品牌贵在传播。与产品质量相对应的是，品牌的“质量”在于传播。一方面，通过传播，形成和加强了消费者对品牌的认知；另一方面，传播的费用转化在品牌之中，形成品牌的一部分资产。

3.4.2　高速铁路客运服务品牌的概念和内涵

高速铁路客运服务品牌应是一种名称、名词、标记、符号的设计，或是它们的组合运用，其目的是借以辨认高速铁路客运服务，并使之同竞争对手的服务区别开来。高速铁路客运服务品牌主要包括服务机构、服务岗位、服务人员、服务生产线、服务活动、服务环境、服务设施，乃至服务对象的名称或其他标识符号等，是一个涵盖很广的概念。

从品牌的象征意义和内涵看，高速铁路客运服务品牌具有复杂的象征意义和丰富的内涵。根据市场营销学家菲利普·科特勒提出的品牌六大内涵，可以这样理解高速铁路客运服务品牌内涵。

1. 属性

高速铁路客运服务品牌应首先使人们想到高速铁路客运服务产品的属性，如安全、快速、准时、舒适，服务质量优良等。高速铁路运输企业可以根据服务的特点突出其一种或几种属性作为广告宣传的卖点，如在广告中强调“优质服务”“快速准时”。这是从高速铁路客运服务自身的角度来描述其品牌特点的。

2. 价值

高速铁路客运服务品牌隐含着一定的品牌价值，如高速、安全、舒适、便捷等。高速铁路客运服务品牌的营销人员必须分辨出这些价值，并针对那些对其感兴趣的消费者群体展开宣传和推荐。

3. 文化

高速铁路客运服务品牌也可以代表一种文化，即品牌文化。如高速铁路客运品牌代表着绿色、环保、可信度高等文化特色。

4. 个性

高速铁路客运服务品牌也可以反映一定的品牌个性，即如果把品牌当作一个人或是物体，他（它）应该让人们联想到其具有什么样的个性。如高速铁路客运服务品牌可能会让人联想到流线型外观的高速列车和列车员亲切的笑容及周到的服务等。

5. 利益

高速铁路客运服务品牌不只意味着一整套属性，因为旅客不是在买属性，他们买的是利益。品牌属性需要转化为功能性或情感性的利益。其中，高速铁路客运服务的安全、快速、准时的属性可转化为功能性利益；较高价位的属性可转化为情感性利益；优质服务的属性可转化为功能性和情感性利益等。例如将列车运行时间和到发时刻的属性包装成与人们生活习惯吻合的“夕发朝至”品牌，这是站在旅客的角度描述高速铁路客运服务品牌特点的。

6. 用户

高速铁路客运服务品牌暗示了享受服务的旅客类型，即高速铁路客运服务品牌的目标市场定位。

由此可见，高速铁路客运服务品牌是对客运产品带有一定感情色彩的包装，反映了运输企业文化、经营理念和策略，是提高高速铁路客运服务市场认知度和市场竞争力的重要手段。

3.4.3 高速铁路客运服务品牌的功能

高速铁路客运服务品牌作为高速铁路运输企业参与市场竞争、提高旅客忠诚度的有力武器，其建立成为社会经济发展的必然现象。高速铁路客运服务品牌的创建与管理对高速铁路的运营和服务具有一定的实际意义。

1. 对旅客的益处

随着人们消费水平的不断提高和品牌意识的不断增强，越来越多的旅行者开始注重旅行过程的便捷与舒适，也就有越来越多的旅客开始注重品牌，消费品牌。

（1）高速铁路客运服务品牌代表为旅客提供一定的客运服务质量和特色，便于旅客快速地做出购买决策，简化购买行为。

（2）高速铁路客运服务品牌可以提供相应的质量保证，便于社会和有关部门对其服务质量进行监督，出现质量问题也便于追查责任、获取赔偿。

2. 对高速铁路运输企业的益处

随着客运市场竞争的不断加剧，越来越多的运输企业开始重视服务品牌建设。从长期来看，服务品牌对高速铁路运输企业的益处主要有以下几点。

（1）有利于树立高速铁路运输企业形象，赢得公众支持。高速铁路客运服务品牌是高速铁路运输企业进行营销和建立广告策略的中心，它可以使旅客对高速铁路产生良好的印象和丰富的联想，建立起消费者对高速铁路的认可度、偏好度，以及忠诚度，从而有助于提升高速铁路运输企业的形象。

（2）有利于减少价格比较，扩大赢利空间。不同的品牌形象区分了同类的产品，因此不同品牌的同类产品在价格上允许存在差异，同时可以减少消费者进行产品价格比较的精力花费，形成竞争壁垒。同时，客运服务品牌也为铁路运输企业提供了非价格竞争的有利条件，保持了价格的稳定性，有助于提升高速铁路的综合形象。

（3）有利于吸引人才。

优秀的品牌具有良好的品牌理念和品牌文化，不仅可以增加员工的凝聚力和荣誉感，而且可以吸引优秀人才，为高速铁路运输企业的有效扩展提供条件。

3.4.4 高速铁路客运服务品牌要素及选择

高速铁路客运服务品牌要素指那些用以识别和区分品牌的标志性设计，包括品牌名称标志、象征物、广告语、广告曲和包装等。它虽然独立于品牌营销活动外，但却是提高品牌知名度和品牌联想的重要途径，是创建高速铁路客运服务强势品牌的重要基础。从国内外的经验来看，品牌要素选择的好坏对创建品牌具有十分重要的作用。

1. 高速铁路客运服务品牌要素选择应考虑的问题

1）显著性

显著性指高速铁路客运服务品牌要素的选择要具有与众不同的特征，以便于清晰地同竞争者区分开来，给旅客以鲜明的印象和感受。高速铁路客运服务品牌要素的选择要给人耳目一新、不同凡响的感觉，从而给人一种强烈的品牌意识。如欧洲之星高速列车和西班牙高速列车的品牌标志能给旅客留下深刻的印象。

2）适应性

高速铁路客运服务品牌要素应与高速铁路运输企业风格相适应，这样，就可以通过品牌将高速铁路运输企业的精神风格和服务理念有效地传递出去，从而发挥它们的传播作用。另外，高速铁路客运服务品牌要素的选择也要与行业相适应，应能体现高速铁路的快速、安全、舒适性，增强旅客对品牌的认同感。如“欧洲之星”品牌，旅客一接触就会大概了解到这是行驶在欧洲范围内的较高等级的国际旅客列车。

3）可记性

可记性指高速铁路客运服务品牌要素的选择要具有内在记忆功能，使旅客在选择购买和消费的过程中容易记起和辨认，从而扩大高速铁路客运服务品牌的知名度。简单而言，就是要好认、好读、好记、好看，品牌的名称读起来音韵好听，名称标志设计简洁美观。

4）灵活性

灵活性指高速铁路客运服务品牌要素应能适应不同的策略调整，因为运输企业提供服务的特性和范围不是固定不变的，所以有效的服务品牌要素应容纳这种变化。另外，高速铁路客运服务品牌要素应随着时代的发展，灵活更新，使高速铁路客运服务品牌看上去更具有时代感和新鲜感。

5）含意性

含意性指高速铁路客运服务品牌要素的选择要具有内在的含意，使旅客在购买和消费过程中对高速铁路客运服务品牌产生丰富的联想。根据其他服务业的实践经验，高速铁路客运服务品牌的含意性可以选择那些富有视觉效果和具有语言想象力且充满情趣的品牌要素来表达。

2. 高速铁路客运服务品牌名称的选择

品牌名称是高速铁路客运服务品牌最基本的组成部分，也是高速铁路客运服务品牌要素中最核心的内容。高速铁路客运服务品牌名称的选择可以参照以下基本法则。

1）品牌命名要易读、易记

在业界，品牌命名流传着“一秒钟内一目了然”的原则，即顾客识别一种品牌，在一秒钟之内就要能够记得住。如法国高速铁路“TGV”，是法语里“非常高的速度”的缩写，旅客很容易联想到TGV高速运行的特点。

2）品牌命名要有特色

高速铁路客运服务品牌命名要有显著性特征。要增强品牌的可记性，从而给旅客留下深刻的印象。

3）品牌命名要有想象力

要为高速铁路客运服务品牌赋予一定的寓意或给予一定的暗示，让消费者从中产生丰富的联想或思考的体验。例如，赋予高速铁路客运服务品牌名称一定的文化内涵等。

4）品牌名称要有亲近感

高速铁路客运服务品牌命名要有人情味、亲和力，能够给旅客产生赏心悦目的感觉和亲近的体验，拉近高速铁路客运服务与旅客的距离。

3. 高速铁路客运服务品牌标志的选择

品牌标志即“logo”，是指品牌构成中由字体、图像或字体、图像、象征物融为一体的视觉识别部分，是品牌要素的重要组成部分。高速铁路客运服务品牌标志的设计不仅要符合国家有关法律、法规的要求，还应寻找一些更有效、更有力的方法。

中国铁路品牌 logo 如图 3-2 所示。中国高铁品牌 logo 如图 3-3 所示。

图 3-2 中国铁路品牌 logo

图 3-3 中国高铁品牌 logo

1）品牌标志与品牌名字相结合

通过一定的表现形式将品牌名字反映到品牌标志中去。如法国国家铁路公司（SNCF）的知名品牌 TGV 的 logo 是由有“金属”质感的稍微有些变形的“TGV”3 个字母组成的。该设计所蕴藏的含义是：时间隧道般的字母变形，让人有时间和空间瞬间转换的感觉。这也与 TGV 的宣传口号“TGV，用时间快速向前”相呼应。

高铁快递品牌标志与品牌名称结合设计如图 3-4 所示。

图 3-4 高铁快递品牌标志与品牌名称结合设计

2）品牌标志力求简单明了

可以尽量选择人们熟悉的事、物、景等作为品牌的设计元素，增强人们对高速铁路客运服务品牌标志的熟悉感和亲近感。

3）品牌标志应力求突出特色

品牌标志主要起标志的作用，让人们看到之后，记得住，想得起。

中国高铁 CR 系列动车组品牌标志如图 3-5 所示。

图 3-5 中国高铁 CR 系列动车组品牌标志

4. 高速铁路客运服务品牌广告要素的选择

高速铁路客运服务品牌广告要素指高速铁路客运服务品牌构成中的广告语和广告曲通过有声语言与印刷语言传递品牌信息的识别部分。

1）广告语的设计思路

（1）利用高速铁路客运服务品牌、广告要素、品牌名称设计广告语，通过不断地传播，提高公众的品牌意识并树立品牌形象。

（2）将高速铁路客运服务品牌广告要素与相应的产品门类放在同一广告语中，使二者紧密地结合起来。

（3）围绕消费者的心理需要进行设计，让广告语具有煽情的效果，如欧洲之星高速列车的广告语“每日往返 13 趟，以最快的速度离开滑铁卢”，巧妙地将“高速”“频率大”等特点传递给旅客，同时还以“滑铁卢”一语双关，使旅客更乐于乘坐。

（4）围绕品牌的核心价值设计广告语。

围绕高铁快递品牌核心价值进行的广告设计如图 3-6 所示。

图 3-6　围绕高铁快递品牌核心价值进行的广告设计

2）广告曲的创作

广告曲往往能巧妙而有趣地重复品牌名称，增加消费者接触品牌的频率。广告曲的创作比较专业，需要灵感，通常由职业作曲人员创作，因此，尽管广告曲具有很好的宣传效果，但用广告曲作为品牌广告识别要素的还比较少。

3.5　高速铁路品牌

CRH 英文全称“ China railway high-speed”，中文意思为中国铁路高速，“CRH”是中国高速铁路的注册商标，属于中国高速铁路的视觉识别系统中的产品标志。CRH 品牌标志如图 3-7 所示。

图 3-7　CRH 品牌标志

CRH 标志的含义和特点如下。

（1）CRH 是并行钢轨的视觉变形，即在高速列车通过弯道时的动感体验。该标志将中国的第一个字母“C”幻化成为一头觉醒的雄狮，标志东方的睡狮已经觉醒，张口怒吼，吼出了中国人的精神和力量。

（2）CRH 采用抽象的火车头图形突出了铁道行业。车尾的 5 个线条，既代表着速度，又体现出规范，象征着不断发展，勇往直前。

（3）CRH 图案中间的图形外圆内方，既体现着中国传统的哲学与美学，也寓意着铁路运输“对内管理要方正，对外服务要周全”的经营理念。同时其形如盾，有着保护的含义，并且起到突出整个标志的作用。

（4）CRH 强烈和动感的标示图形，准确传达出了中国高速铁路所代表的更加深层的内涵。

（5）CRH 标志采用了蓝色渐变色系作为推广的标准色，显示了中国高速铁路的科技感与速度感。

综上所述，CRH 整个标志稳重厚实，具有强烈的信任感、安全感，节奏富于变化，静中有动、稳中求变。视觉冲击力强，韵律现代，寓意丰富，便于传播。CRH 在世界高速铁路领域便于辨认，在国内也易于推广，是成功的品牌标志设计。

随着和谐铁路建设的发展和“以人为本、旅客至上”服务理念的深入，我国高速铁路充分进行旅客需求调研，认清自身竞争优势，以“安全、快速、便捷、舒适、优质”为服务定位，创建了“CRH”品牌，以期为旅客提供文明、和谐、满意的服务。CRH 品牌的建立充分体现了高速铁路客运企业“以人为本”的服务理念和“以市场需求为导向”的经营理念。同时，CRH 品牌要求从影响旅客感知服务质量的各方面入手来提升服务品质，对集中向旅客提供服务的客运站列车的服务内容、标准测评和控制提出了更高要求。

【实训】

高速铁路营销工作组织实训

【实训目标】

（1）掌握高速铁路营销工作、高速铁路客运服务产品策略。

（2）掌握高速铁路客运价格策略、高速铁路客运服务品牌战略。

（3）培养自主学习能力。

【实训内容与要求】

第一步：由教师介绍实训的目的、方式、要求，调动学生实训的积极性。

第二步：对学生进行分组，确定各小组的组长和人员分工、小组学习方式，制订小组学习计划，了解团队要做什么，要达到什么目的。

第三步：由教师介绍高速铁路营销工作组织的讨论话题。

第四步：各小组对教师布置的问题进行讨论，并记录小组成员的发言。

第五步：根据小组讨论记录撰写讨论小结。

第六步：各小组相互评议，教师点评、总结。

【实训成果与检测】

成果要求：

（1）提交案例讨论记录：3~5 名学生一组，设小组长 1 人、记录员 1 人，每小组必须有小组讨论、工作分工的详细记录，以作为考核成绩的依据。

（2）能够在规定的时间内完成相关讨论，撰写文字小结。

评价标准：

（1）上课时积极与老师配合，积极思考、发言。

（2）认真阅读案例，积极参加小组讨论，分析问题思路较宽。案例分析基本完整，能结合所学理论知识解答问题。

（3）积极参与小组活动，具有团队合作精神。

项目 4

高速铁路客运服务系统

【知识目标】

- 了解客运服务系统的组成；
- 了解票务系统和旅客服务系统的相关知识；
- 了解其他国家高速铁路旅客服务系统。

【技能目标】

- 能够根据高速铁路客运票务系统知识来完成相关工作；
- 能够根据旅客服务系统知识来完成相关工作。

【学习重点及难点】

- 学习重点：旅客服务系统。
- 学习难点：高速铁路客运票务系统、旅客服务系统。

【本章知识结构图】

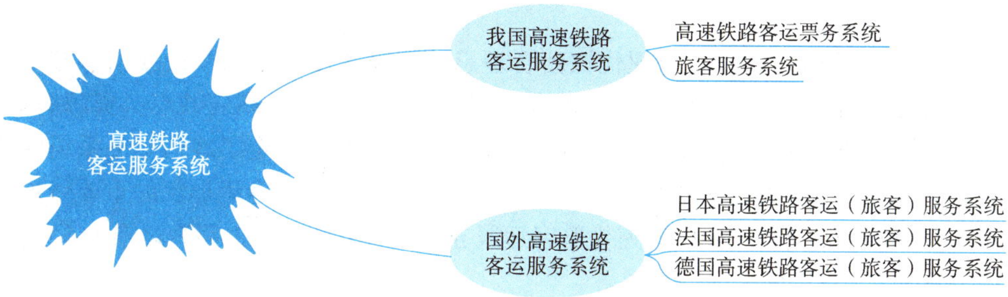
高速铁路客运服务系统
我国高速铁路客运服务系统
高速铁路客运票务系统
旅客服务系统
国外高速铁路客运服务系统
日本高速铁路客运（旅客）服务系统
法国高速铁路客运（旅客）服务系统
德国高速铁路客运（旅客）服务系统

4.1 我国高速铁路客运服务系统

客运服务系统（PDSS）是基于现代铁路管理思想、服务理念和当今最新信息技术，按照统一的服务标准、经营策略、管理机制、技术架构建立起来的信息高度共享、资源高效利用、运行安全可靠的综合系统。相关铁路客运服务系统技术方案明确规定了客运服务系统的统一规范，客运服务系统已经成为高速铁路服务理念的实现手段，是铁路客运形象的重要体现，是高速铁路运营生产的重要支撑。我国高速铁路客运服务系统主要由高速铁路客运票务系统（TBS）和旅客服务系统（PSS）两大部分组成。

4.1.1 高速铁路客运票务系统

高速铁路客运票务系统（TBS）是为旅客提供相关票务服务的信息系统，包括客票的交易服务和检验服务。票务系统是高速铁路运输过程中范围最广的，旅客最先接触的客运服务环节，也是体现客运服务质量的最关键环节之一。票务系统是以席位管理和交易处理为核心，建立广泛的销售渠道，适应多种售票方式、多种支付形式，落实灵活的营销策略，以自动售票和自动检票为主，人工售检票为辅的实时交易系统。

1. 体系结构

高速铁路集中设置一个票务中心系统，与售票终端直接相连，完成席位集中管理、交易实时处理、基础数据维护、销售策略实施、统计管理、收入管理等票务系统核心功能，通过强有力的安全保障措施，确保其安全稳定、不间断运行。在车站及相关机构设置业务管理监控终端，完成日常业务管理。车站检票以自动检票为主。在国铁集团票务中心，系统实现既有线和高速铁路车票的互售、收入处理等功能。票务系统整体采用多层分区的体系结构，降低系统内部的耦合度，提高系统灵活扩展和升级的能力。综合采用集群、负载均衡等技术，提高系统的可靠性和可用性。票务系统逻辑上划分为数据处理、业务逻辑接入、票务管理和票务服务功能区。

2. 系统特点

系统具有以下一些特点：全路数据集中，实时交易量大，数据量大；业务全面、完整，从生产、销售到服务，提供灵活应对市场的营销策略手段；全面的、完善的购票、退票、改签服务，满足个性化的旅程服务，提供席位选择、旅程规划等服务；采用电子客票；进出车站采用闸机自动检票；更加完善的自助售票；常旅客（常客）管理；灵活的优惠手段；全方位的监控和预警机制，系统更加安全可靠。

3. 功能简介

票务系统由运营管理、常旅客管理、交易处理、自动检票、数据管理、业务管理、储值卡管理、席位管理、票价计算、径路计算、收入管理、统计、系统管理监控 13 个子系统构成。

1）运营管理子系统

运营管理子系统主要实现高速铁路运营管理策略、营销策略、运价政策在票务系统的落实。其主要功能如下。

（1）详细描述席位的属性、状态、使用区间、使用时间段。

（2）席位实行按照用途分类管理，席位的用途可以灵活设置，席位在各分类间能够灵活地转换。

（3）按照区段、分类、属性、席别、车厢、时间等条件对席位信息进行灵活查询。

（4）根据列车运行信息的调整，及时调整席位信息，支持人工调整、自动调整方式。

（5）根据列车信息或调度命令，对席位的有效性进行管理，例如列车运行图临时调整，部分列车停运时，可以禁止其席位的发售。

（6）控制各个列车自由席发售的数量。

（7）对基本票价、区段票价、一口价进行管理。

（8）对票价季节浮动、分时段优惠、票种优惠、列车相关优惠、席别优惠，以及其他优惠进行管理。

2）常旅客管理子系统

常旅客主要包括持优惠卡的旅客、团体客户，以及在实名制条件下由计算机统计出的超过一定乘次或里程的普通旅客（如互联网会员等）。

常旅客管理子系统对常旅客以实名制的方式进行管理，根据客户持卡类别、积分信息等不同进行分类，灵活设置不同类别常旅客享受的优惠规则。

3）交易处理子系统

交易处理子系统实现票务系统中有关售票、订票、退票、补票的交易处理功能，接收并处理来自窗口、自动售票机、互联网、呼叫中心等各类终端的交易请求，完成客票发售、预订及相关交易业务。

（1）售票。实现窗口售票、自动售票及代理/代售的售票方式，对于通过呼叫中心等方式预订的车票能够在指定窗口确认和制票。对于通过互联网等方式购买的车票能够打印行程信息提示和报销凭证。在非正常情况下，可以实现离线售票。

（2）订票。实现有关订票的业务处理，系统提供多种订票渠道，操作人员可以通过订票终端处理旅客、合同客户、团体的订票请求，旅客、合同客户、团体也可以通过互联网、电话、手机等方式实现车票的预订。

（3）退票。实现有关已售车票的退票业务处理，操作员通过窗口退票终端进行退票。通过身份证件读取设备读入信息进行退票，退票后将该席位状态进行调整，使该席位可重新销售，记录退票的存根信息。

当身份证件为不可识读证件，或身份证件损坏无法识读或读写设备故障时，提供人工输入证件号码，报销凭证的途径。退回席位，记录退票存根；在特殊情况下，提供离线退票的方式；交班时操作人员输入当班的退票金额，记录交班日志。

（4）补票。通过补票功能处理旅客未购车票或已购车票不满足乘车条件的情况，根据具体情况在列车上或车站进行补票作业。

4）自动检票子系统（AFC）

自动检票子系统主要部署在客运车站，完成旅客进站、出站的自动检票作业，以及相应的管理和监控作业。

5）数据管理子系统

数据管理主要完成高速铁路票务系统路网数据、列车运行图数据、交易数据，以及历史数据的维护、管理功能，为整个高速铁路票务系统的正常运转提供数据保障。

6）业务管理子系统

业务管理子系统实现对票务系统操作人员和操作终端的身份管理、票据管理、代理和代售管理，以及系统提供的各类接口的管理等功能。

（1）身份管理。对使用系统的用户和节点进行角色的分配和权限的管理。

（2）票据管理。通过票据管理功能完成票据的计划、请领、发放、返库等相关业务处理。

（3）代理和代售管理。系统能够实现对代理机构的信息管理权限设置、收入清算等功能。

（4）接口管理。对系统提供的各类接口进行管理，接口使用要进行授权，并记录接入点的详细信息。

（5）异常业务处理。对废、错票等情况提供人工差错纠正手段。

7）储值卡管理子系统

储值卡是铁路或铁路与银行联合发行的具有储值功能的消费卡，用于旅客支付购票款。通过储值卡管理功能实现储值卡的发放、充值、消费、清算等业务的管理。

8）席位管理子系统

席位管理子系统是高速铁路票务系统的核心服务系统，为各个系统提供席位的生成、搜索、占用、修改、删除等关键处理服务，利用先进、成熟的数据处理技术，以高效、可靠的处理策略对席位进行管理，保障席位查询占用的高效性、席位修改与存根记录的一致性、席位利用的可追溯性。

9）票价计算子系统

票价计算子系统完成高速铁路车票票价计算的功能，票价计算依据中国铁路针对高速铁路制订的票价业务规则，实现普通票、签证票、优惠票等票价计算功能，提供详细的票价计算结果。

10）径路计算子系统

径路计算子系统根据旅客的旅行线路需求，在列车运行图信息、线路信息，以及其他相关的交通线路信息的基础上进行线路连接计算，为旅客提供存在的各种换乘方案，同时能够根据不同的策略对乘车线路进行优化，提供里程、时间及票价等相关信息。

11）收入管理子系统

收入管理子系统满足客运售票、订票、退票款等收入管理的要求和高速铁路各级收入部门对旅客运输收入的审核、管理需求，对各类交易数据进行统计汇总。

12）统计子系统

统计子系统为用户提供方便、灵活的报表统计功能，使各级工作人员对于票务系统的业务情况、营业状况有较为全面的了解。

对统计报表进行分级管理，各级人员按照业务需求，进行不同的统计和查询。统计子系统可根据各级用户的权限和实际情况产生不同的报表。

13）系统管理监控子系统

系统管理监控子系统辅助系统管理人员管理、监控系统相关软硬件基础平台、专用硬件设备、业务系统的运行状态、资源使用情况等，保证系统能够安全、稳定、高效地运行。

4. 业务概述

高速铁路客票系统以市场为导向，提供灵活的销售策略、执行手段和全面的信息服务，系统从产品设计、生产、销售和服务 4 个层面为客票业务提供支撑。

（1）产品设计层包括开行车次票价设定、系统管理接口应用、运营数据维护。提供对票务系统基础数据（如路网信息、列车运行图、数据字典等）的维护管理，提供灵活的基础票价设定，系统分级权限控制和管理，以及对外部系统支撑的接口应用，为保证业务运行提供对核心业务流程（如售票、订票等）业务进行监控的功能。

（2）生产层包括席位的生产管理和日常的生产组织，在席位管理上提供灵活智能的席位控制，以高效、可靠的处理策略对席位进行管理，保障席位占用的高效性、席位售出与销售记录的一致性、席位利用的可追溯性。在生产组织上为客运管理部门提供人员、角色、系统功能、服务渠道、生产机制的全面科学管理。

（3）销售层包括客票发售和预订、销售管理、自动检票、优惠策略、代理代售管理、旅程规划、常旅客管理和生产统计等业务。客票发售和预订为旅客提供丰富的客票销售渠道和灵活的客票销售方式。销售管理对旅客的客户信息、订票交易、购票交易和变更交易进行全程管理，通过销售管理可以全程追溯旅客订票、取票、改签、检票、乘车等全部旅程信息，通过这些信息的管理可以对客户进行分析挖掘，为其他业务提供完整的信息服务。优惠策略是根据市场营销的分析预测结果，在宏观调控的基本票价条件下制订票价优惠规则，以吸引更多的客流，使铁路客运效益最大化。自动检票业务完成旅客在进站、出站口自动检票作业，以及相应的管理和监控作业功能。

（4）服务层包括服务方式和服务内容，为不同旅客在其出行的各个阶段提供不同的票务服务和信息服务，提高旅客出行的服务质量。

5. 计算机客票发售及预订系统（TRS）

客票发售和预订系统自启动以来，经过 1.0、2.0、3.0、4.0、5.0、5.1、5.2 版本的研制和中心、地区、车站三级系统建设，建成了包括国铁集团客票中心、22 个地区客票中心、近 150 个直通车停靠站的全国联网统一售票系统，2 000 多个车站实现了计算机售票。铁路客票发售和预订系统的研制和开发，提高了劳动生产力，方便了旅客购票和预订，增强了铁路在旅客运输市场中的竞争力。

1）5.2 版客票发售系统

5.2 版客票发售系统新增电子客票换票、个性化挑选席位、车次晚点跨天售票及作废、始发改签新票提示等功能，实现银行卡支付功能，改造实名制制票功能，完善始发改签、往返票、联程票和中转签证等功能，丰富了余票查询、配票策略、票额共用功能。

5.2 版客票发售系统界面如图 4-1 所示。

（1）电子客票行程信息提示、报销凭证打印功能。

旅客通过互联网购买电子客票后，可以在车站售票窗口，出具身份证件，经售票人员验证一致后，打印行程信息提示（见图 4-2）和报销凭证（见图 4-3）。

（2）始发改签。

系统具备电子客票的改签功能，增加批量改签功能，完善了批量制票功能；增加了始发改签退差功能；增加改签废票存根表，始发改签故障处理时记录改签废票存根。

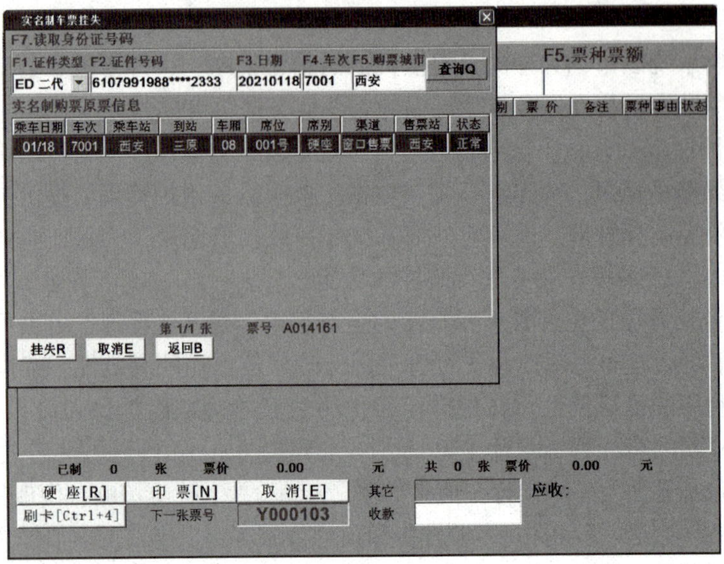

图 4-1　5.2 版客票发售系统界面

图 4-2　行程信息提示

图 4-3　报销凭证

2）车票发售的规定

动车组车票实行全路联网通售，停靠站均设专门售票窗口，购票手续简便，方便旅客提前购票进站，随到随走，并提供多种购票方式供旅客选择，如窗口售票、自动售票机售票、电话订票、网上售票等。

车票应在承运人或销售代理人的售票处购买。承运人或销售代理人在有运输能力的情况下应按购票人的要求发售车票。承运人可以开办往返票、联程票（指在购票地能够买到返回地或换乘地带有席位或铺位号的车票）等多种售票业务，以便于购票人购票和使用。承运人应根据购票人指定的日期、车次、到站、座别、径路发售车票，不能使用到站不同但票价相同的车票互相代替。动车组列车车票最远只发售至本次列车终点站。

（1）优惠票的发售。

①儿童票。

承运人一般不接受儿童单独旅行（乘火车通学的学生和承运人同意在旅途中监护的除外）。随同成人旅行身高 1.2~1.5 m 的儿童，享受半价客票、加快票和空调票（以下简称儿童票）。超过 1.5 m 时应买全价票。每一成人旅客可免费携带一名身高不足 1.2 m 的儿童，超过一名时，超过的人数应买儿童票。儿童票的座别应与成人车票相同，其到站不得远于成人车票的到站。

②学生票。

在普通大专院校（含国家教育主管部门批准有学历教育资格的民办大学）、军事院校、中小学和中等专业学校、技工学校就读，没有工资收入的学生、研究生，家庭居住地和学校不在同一城市时，凭加盖院校公章附有减价优待证的学生证（小学生凭书面证明），每年可享受家庭至院校（实习地点）之间 4 次单程半价硬座客票、加快票和空调票（以下简称学生票）。

学生票的发售时间：暑假为 6 月 1 日—9 月 30 日；寒假为 12 月 1 日—次年 3 月 31 日。

动车组列车只发售二等座车学生票，学生票为全价票的 75%。学生购买联程票或乘车区间涉及动车组列车的，可分段购票。学生票分段发售时，由发售第一段车票的车站在学生优惠卡中划销次数，中转站凭上一段车票售票，不再划销乘车次数。

学生票应按近径路发售，但有直达列车或换乘次数少的远径路也可发售。

新生凭录取通知书、毕业生凭学校书面证明可买一次学生票。

华侨学生和港澳台学生按照上述规定同样办理。华侨学生和港澳台学生回家时，车票发售至边境车站。

下列情况不能发售学生票：学校所在地有学生父或母其中一方；学生休学、复学、转学、退学；学生往返于学校与实习地点；学生证未按时办理学校注册；学生证优惠乘车区间更改但未加盖学校公章；没有“学生火车票优惠卡”，“学生火车票优惠卡”不能识别或者与学生证记载不一致。

③伤残军人票。

中国人民解放军和中国人民武装警察部队因伤致残的军人（以下简称伤残军人）凭“中华人民共和国残疾军人证”、因公致残的人民警察凭“中华人民共和国伤残人民警察证”享受半价的软座、硬座客票和附加票。

（2）车票的变更。

旅客不能按票面指定的日期、车次乘车时，应当在票面指定的日期、车次开车前办理一次提前或推迟乘车签证手续，特殊情况经站长同意可在开车后 2 h 内办理（目前政策已经改为当天 24 点前均可办理，且不需要站长同意）。持动车组列车车票的旅客改乘当日其他动车组列车时不受开车后 2 h 内限制。团体旅客不应晚于开车前 48 h 办理车票的变更。

在车站售票预售期内且有运输能力的前提下，车站应为旅客办理车票变更，收回原车票换发新车票，并在新车票票面注明“始发改签”字样（特殊情况在开车后改签的注明“开车后改签不予退票”字样）。

必要时，铁路运输企业可以临时调整改签办法。旅客在发站办理改签时，改签后的车次票价高于原票价时，核收票价差额；改签后的车次票价低于原票价时，退还票价差额。

因承运人责任使旅客不能按票面记载的日期、车次、座别（铺别）乘车时，站、车应重新妥善安排。重新安排的列车、座席、铺位高于原票等级时，超过部分票价不予补收。低于原票等级时，应退还票价差额，不收退票费。

持通票的旅客在中转站要求换乘动车组列车时，补收乘坐动车组列车区间原票票价与动车组列车票价差额。

（3）退票。

①旅客要求退票时，按下列规定办理核收退票费。

在发站开车前，特殊情况也可在开车后 2 h 内，退还全部票价。团体旅客必须在开车 48 h 以前办理。

旅客开始旅行后不能退票。但如因伤、病不能继续旅行时，经站、车证实，可退还已收票价与已乘区间票价差额。已乘区间不足起码里程时，按起码里程计算；同行人同样办理。中途站办理动车组列车退票的公式：应退票款=原票价-（原票价÷原票里程×已乘区间里程）。

因特殊情况在开车后 2 h 内改签的车票不退。

站台票售出不退。必要时，铁路运输企业可以临时调整退票办法。

②因承运人责任致使旅客退票时按下列规定办理，不收退票费。

在发站，退还全部票价；

在中途站，退还已收票价与已乘区间票价差额，已乘区间不足起码里程时，退还全部票价。

在到站，退还已收票价与已使用部分票价差额。未使用部分不足起码里程按起码里程计算。

空调列车因空调设备故障在运行过程中不能修复时，应退还未使用区间的空调票价。

③发生线路中断旅客要求退票时，在发站（包括中断运输站返回发站的）退还全部票价，在中途站退还已收票价与已乘区间票价差额，不收退票费，但因违章加收的部分和已使用至到站的车票不退。

（4）售票实名制。

为加强实名制工作管理，确保旅客运输组织安全有序，旅客须凭本人有效身份证件购买车票并进站、乘车，免费乘车的儿童及持儿童票的儿童除外。

①有效身份证件包括：居民身份证、临时身份证、户口簿、中国人民解放军军人保障卡、军官证、武警警官证、士兵证、军队学员证、军队文职干部证、军队离退休干部证、护照、港澳居民来往内地通行证、中华人民共和国来往港澳通行证、台湾居民来往大陆通行证、大陆居民往来台湾通行证、外国人居留证、外国人出入境证、外交官证、海员证、外交部开具的外国人身份证明、地方公安机关出入境管理部门开具的护照报失证明、铁路公安部门填发的乘坐旅客列车临时身份证明（以下简称“临时身份证明”）等 25 种。1. 5 m 以上 16 岁以下未成年人有效身份证件还包括学生证。

②购票人可以使用有效身份证件原件或复印件购买车票，也可以持乘车人的有效身份证件原件或复印件替乘车人代购车票。电话订票仅受理居民身份证、港澳居民来往内地通行证、台

湾居民来往大陆通行证、护照订票。一张有效身份证件同一乘车日期只能购买一张同一车次实名制车票。

自助售票机仅受理可识读身份证件的购票业务。

③售票：配备二代居民身份证识读设备的售票窗口，必须由系统通过二代居民身份证识读设备自动读取身份信息。遇二代居民身份证无法自动识读、识读设备故障或者使用其他有效身份证件购票时，在车站窗口和铁路局授权允许手工输入有效身份信息的代售点窗口，由售票员录入旅客身份信息。售票员应当认真核实旅客的有效身份证件，制票前应当提示旅客核实有效身份证件信息。窗口没有双屏时，售票员应当口述票面身份信息与旅客核对。制票后交付时，旅客当场发现票面身份信息有误时，售票员应收回作废、另发新票。旅客未当场核对票面信息，过后提出票面信息与有效证件信息不符的须先行退票，重新制票。须凭证购买的减价优惠（待）票在出示有效身份证件的同时，还应出示符合规定的减价优惠（待）凭证，经核实后，方可购票乘车。学生票按规定核减次数。

④车站售票厅设置铁路公安制证口，为无法出示有效身份证件的旅客办理临时身份证明。

⑤旅客应持车票和与票面所载身份信息相符的本人有效身份证件原件进站乘车。旅客进站乘车时，铁路客运和公安人员对旅客所持车票和有效身份证件进行查验。票证人不一致或无法出示有效身份证件原件的旅客，不得进站乘车，应到车站铁路公安制证口办理临时身份证明或者经铁路公安部门核实身份后，方可进站乘车。

车站应当加强进站通道管理，及时清理站台，严禁无票、无证人员进站上车。应为重点旅客提供进站上车服务。

车站应当在所有售票场所通过公告栏、广播、显示屏宣传材料等方式进行宣传。凡接触实名制相关系统、信息的铁路职工，应当保守车票实名制信息，不得擅自存储、复制、外泄，违者依法追究相关责任。

（5）互联网售票。

铁路互联网售票是指通过中国铁路客户服务中心网站（www.12306.cn，含铁路 12306 App，下同）办理铁路电子客票的销售、改签、退票等业务。铁路电子客票是以电子数据形式体现的铁路旅客运输合同，与纸质车票具有同等法律效力。

铁路互联网售票范围、购票方式，以及铁路电子客票的使用范围、使用方式，办理铁路电子客票业务的售票窗口等事项以“12306.cn”网站和车站公告为准。

6. 自动售检票系统（AFC）

自动售检票系统是计算机、通信、网络、数据库自动控制等技术集成，实现旅客自助购票检票全过程的应用系统，是铁路客票发售和预订系统（TRS）的组成部分。自动售检票系统由窗口制票机（BOM）、自动售票机（TVM）、自动检票机（GATE）三大部分组成，其建设目的是适应高速铁路大客流、高密度、旅客快速进出站的需求，同时提高铁路客运服务质量和管理水平。

1）窗口制票机（BOM）

窗口售票系统主要由窗口 PC 机、窗口制票机和 SAM 加密设备等组成。

窗口 PC 机上安装客票系统软件及制票机驱动程序、SAM 加密设备驱动程序。

窗口制票设备如图 4-4 所示。

图 4-4 窗口制票设备

2）自动售票机（TVM）

自动售票机是集制票、支付、取行程信息提示和报销凭证于一体的自助式售票设备。自动售票机与客票系统连接，旅客通过 TVM 能实时在线购买列车车票。

自动售票机（TVM）如图 4-5 所示。

图 4-5 自动售票机（TVM）

自动售票机主要部件包括：控制计算机、乘客显示屏（触摸屏）、银行卡读卡器、密码键盘、IC 卡读卡器、纸币识别和找零单元、硬币找零单元、车票打印单元等。整机功能如下。

（1）发售车票。

发售车票，支持行程信息提示和报销凭证的打印。

（2）现金购票。

支持市面上流通的 5 元以上面额的人民币支付购票。

（3）银行卡购票。

支持加入中国银联的银行卡购票。

（4）支付宝、微信及储值卡购票。

（5）找零功能。

支持3种纸币找零和一元、五角2种硬币找零，同时支持最多20张的纸币整叠找零和找零纸币遗忘回收。当旅客投入的纸币金额大于车票票价时进行找零，根据找零总金额和当前找零箱中的纸币、硬币现金情况，自动完成配钞方案，找零时将多张纸币叠放整齐，纸币和硬币找零同时一次性交付。

（6）收据打印。

如果在购票过程中出现故障，打印故障凭条，旅客可凭此故障凭条寻求帮助。

（7）语音提示。

对旅客的操作提供语音提示，包括：取票、找零异常操作提示，操作结束提示。

（8）钱箱管理。

设备分别对纸币找零箱、纸币存币箱、纸币回收箱、硬币加币箱、硬币回收箱进行管理。操作人员取出钱箱前，必须在维修界面输入由后台服务器统一下载的操作员ID与密码，用于确定操作人员的权限。

（9）现金管理。

操作人员可从维护单元或后台服务器发送命令，实时查询现金信息，包括收入纸币、支出纸币、支出硬币等。

后台服务器下达查询命令后，自动售票机将把收集到的现金数据按照规定格式上传至后台服务器。

每个运营日结束时，运营人员需要对自动售票机进行结账操作，通过在维护单元上输入操作员ID和密码后，选择结账命令完成结账操作。

自动售票机结账时进行现金和车票的结算，完成后打印“设备结账小单”。

3）自动检票机

自动检票机又称闸机，用于控制相关区域的进入。检票后，闸机的翼门打开，允许旅客进入乘降区域。

自动检票系统根据检票计划和运行参数实现自动检票机自动读判电子信息（二维码、身份证件信息）及旅客通行的智能监控，允许合法旅客通过，阻挡非法旅客，实现旅客进出站自助检票。自动检票机的主要部件如下。

（1）旅客显示屏。旅客显示屏是指安装在身份证件读写模块上方的LCD显示屏，其主要功能是显示闸机的启动信息、检票信息和维护信息等，在正常检票时显示检票提示信息。

（2）通行指示器。通行指示器包括入/出口通道指示灯、入/出票口指示灯和检票状态指示灯。均采用高亮发光二极管保证旅客在25 m外能明显辨识其显示信息和含义。

（3）自动检票系统功能如下。

①检票计划生成和下载。当自动检票管理系统生成新的检票计划并执行下载操作时，自动检票机接收成功后立即生效。自动检票机在启动时，会主动向管理服务器问询是否有未下载的检票计划。

②进站/出站检票。自动检票机支持二维码、身份证件的识读（未来还可以进行人脸识别），自动检票机对于进站或出站检票，根据检票日计划检查二维码、身份证件的有效性。如

果检票通过，则记录相关信息。

③基本操作方式如下。

a）旅客扫描二维码或放置身份证件。

b）验证信息合法性。

c）判断检票计划、票种。

d）非法，进行显示和报警。

e）合法，根据票种进行通行显示并将信息写入系统。

f）闸门打开，等待旅客通过。

g）旅客通过，闸门关闭或旅客不通过，超时（25 s 可调），闸门自动关闭。

④常开按钮和紧急按钮。通过常开按钮，可以使闸门处于开放状态，来满足突发性客流高峰时的需要。

闸门在操作时出现突然停电的情况，门翼会停在原位置可自由推动。

根据要求，每个设备与消防中控室相连，当发生火灾或其他紧急情况时，可激活已经选定的紧急状况反应模式，自动打开门翼。

上电后或紧急情况解除后，闸门自检，并自动复位。

（4）常见问题。

①常见自动检票机问题。

当闸机出现死机或者程序不能进行正常运行时的处理办法：重新启动 IPC，IPC 的开关在 IPC 下方左侧。如果 IPC 重新启动后还是不能正常检票，须联系维护人员。

②紧急状态下的处理方法。

当闸机不能正常检票，或出现火灾等异常情况需要紧急放行时，按 FAST 按钮（每组闸机的左边，正中央绿色模块左侧的黑色开关）。

③插票口不吸票处理方法。

当非法闯闸时，闸机会停止验证信息，出现这种情况后，工作人员应请旅客退到闸机检测区域之外后再进行验证。

4.1.2 旅客服务系统

1. 旅客服务系统概述

旅客服务系统（PSS）以信息的自动采集为基础，以为旅客提供全方位信息服务为目标，实现客运车站信息自动广播、导向揭示、监控等功能并提供互联网、呼叫中心、无线局域通信等多种途径的信息服务，运用多样化的服务手段为旅客提供优质的服务，实现旅客服务的信息化。其主要由导向揭示（PIS）、广播（PA）、监控（VM）、时钟（CLK）、求助（HP）、查询（IS）、安检仪（SI）、报警系统、门禁子系统组成。

旅客服务系统总体采用两级架构，分别部署在区域（路局）中心和车站，国铁集团设置公共数据管理平台。

区域中心旅客服务系统以集成管理平台为核心，原则上实现对所辖区域大型车站旅客服务系统的监视，对中小型车站旅客服务系统的集中管控；在紧急情况下，可以代管大型车站旅客服务系统；完成区域内公共音视频数据的制作、发布和转发，以及系统间信息共享和功能联动。

大型车站旅客服务系统以集成管理平台为核心，集成导向、揭示、广播、监控、时钟、投诉、查询、求助、站台票发售、无线、呼叫中心、寄存子系统，连接火灾报警和楼宇自控等外部系统，实现对本站旅客服务系统的集中监视和控制，完成系统间信息共享和功能联动，紧急情况下接受区域中心代管。根据线路情况，可对邻近中小车站进行代管。以科学合理的布局配置服务终端设备，为旅客提供导向、广播、时钟、投诉、查询、求助、呼叫、站台票发售、寄存、无线上网、人工服务等多样服务。

中小型车站旅客服务系统根据线路情况可由区域中心集中管控或者由邻近大站代管，以科学合理的布局配置服务终端设备，为旅客提供导向、广播、时钟、投诉、查询、求助、呼叫、站台票发售、寄存、人工服务等多样服务。

国铁集团公共数据管理平台对全路旅客服务系统提供信息上的支撑，进行宏观上的管理，实现对全路旅客服务的监督、管理和统计分析，并完成公共数据管理和音视频基础信息库的制作及视频监控的功能。

2. 旅客服务系统集成管理平台

集成管理平台（GSP）以向工作人员和旅客提供综合的生产服务和旅客服务为目标，采用信息技术、分布式实时数据库技术、自动化技术、冗余技术、系统集成技术、中间件技术、接口技术和面向对象的方法，把分离的各个系统按照统一的接口标准集成到集成管理平台，提供综合业务操作，实现信息共享和功能联动。集成管理平台根据铁路运营需要将导向揭示、广播、监控、求助、寄存业务等功能整合到一起，提高旅客服务的信息化和自动化水平。集成管理平台系统架构分为：集成平台服务器，负责集成管理平台核心业务的处理；数据库服务器，负责数据信息的存储；配置工作站，负责保存系统的参数配置信息；域控制工作站，负责进行用户权限的管理与控制；前端处理器，负责与外部系统进行数据传输；操作终端，展示人机交互界面。

1）导向揭示系统（PIS）

导向揭示系统（PIS）是在旅客进站购票、候车、检票、乘车、出站等各个环节上为旅客和工作人员提供及时、准确的信息服务的旅客服务系统。通过车站综合监控室对前端显示设备进行控制，在指定的时间，将指定的信息传送给指定的人群。

（1）主要功能。

提供列车的实时状况信息，满足旅客实时获取和掌握列车运行状态信息的需求。在没有工作人员引导的情况下，旅客通过导向揭示系统完成自助购票进站候车、上车、出站等过程。对于列车运行时出现晚点等异常情况能及时对旅客进行通告和提示。对于突发事件，能在第一时间向旅客发布，并提示旅客快速疏散的导向信息。提供各种乘车注意事项、公告及乘客须知等公共信息。提供候车乘车提醒服务。为工作人员及时提供列车到发通告信息。

①票务显示功能。

能够完成实时票务信息的发布，以及车次相关信息的显示。并可显示10天的车次信息和余票情况。设备通过内部相关系统获取票务信息，以表格、滚动、页面翻转等形式对车次、车种、开往、开点、硬座、软座、硬卧、软卧等信息进行编排、整理和显示，并且通过不同的颜色区分票务的类型和票务情况。系统通过应用服务器实时获取集成管理平台发送的票务信息，并自动读取余票数据，系统控制主机对数据进行相关处理后，发送到显示屏。

②引导显示功能。

系统能够自动接收集成管理平台发送候车引导信息及相关显示指令，系统可根据接收到的信息和指令按照预先设定完成的版面进行显示，引导旅客完成进站、候车、检票等过程，完成进站信息发布、候车区域信息发布、检票信息发布。

③列车到发信息显示功能。

系统能够自动接收集成管理平台发送的列车到发信息，对列车开停方式、到发站时间及行车状态等信息按照预先设定好的显示版式进行发布，同时能对阶段性或临时性行车变动，如增开、停开、改变到发时间、临时客运计划进行显示发布。

④时钟发布显示。

系统可以读取时钟系统的时钟基准，并同步所有设备的时钟，确保终端显示屏幕显示时钟的准确性。屏幕可以在播出各类信息的同时提供日期及时间显示。在没有和时钟结合的显示终端上，可以通过设定终端显示屏的全屏或指定的子窗口显示多媒体时钟。时钟的显示可以为数字方式或模拟方式。

（2）显示信息。

列车服务信息主要包括：列车时刻表，列车阻塞、晚点、取消等异常信息，一天内后续列车的到站离站时间，特别的列车服务安排信息。

乘客引导信息主要包括：动态指示信息，逃逸、疏散方向指示，服务终止通告，换乘站换乘信息，地面交通指示信息。

商业信息主要包括：视频商业广告，视频形象宣传片，图片商业广告，文字商业广告，各类分类广告。

紧急灾难信息主要包括：火警、台风警报、洪水警报等；紧急站务报警信息，如停电、停止服务等；有关乘客人身安全的临时信息，如乘车安全须知；逃逸、疏散方向指示，如紧急出口的指示。

一般站务信息和公共服务信息，主要包括：日期和时钟信息，票务信息，公益广告信息，天气、新闻、股市等信息，其他提示信息。

（3）信息表达方式。

旅客导向信息的表达方式分为固定标示表达和动态标示表达。固定标示是指固定装配或绘制在车站建筑、地面的，或以标牌的形式，向旅客提供较为固定、变化频率不高的信息提示，例如，车站的地点处所指示、旅客的行进路线等。动态标示通常以显示屏的形式服务旅客，信息根据需求滚动或实时变化，特点是信息量大，可以根据实际情况迅速而简便地变更内容，但对系统实时维护的要求较高，对数据的准确性要求高。随着铁路信息化发展，铁路动态信息标识将越来越完善，如在站台上以动态标示的形式对即将进站列车的车厢、车门位置等提前标示，旅客即可定点等候，对号上车。

2）广播系统（PA）

广播系统向旅客播报铁路通告、列车运行时刻、票务、站内设施说明、站内环境说明、旅客乘车提示、安全提示及旅行相关提示等信息。广播信息要求统一、易懂、完整、简洁、准确。车站广播室如图 4-6 所示。

图 4-6　车站广播室

车站广播装置覆盖站区内适当的位置，保障旅客能够清晰明确地获取铁路发布的音频信息；按照预置的优先级，执行集成管理平台发送的广播计划，发布广播信息；接受工作人员的指令，调整或插播广播内容，能够编辑和发布广播信息；实现分区域或在全站区内广播，能够提供电话接口，使授权人员通过电话在预定区域做通告；具备语音合成功能，能够按照特定的文字信息合成语音信息；能将高质量声源数字化并在以太网上传输，实现高音质广播；具备环境噪声检测功能，自动分区调节广播音量，实现环噪补偿；扬声器具备防火外壳，广播电缆能够防火、阻燃；整个扩音机链路系统有统一实时的自动测控功能。

广播系统具有以下功能：具有信源 A/D 转换、TCP/IP 分组包合成功能；多广播区平行广播功能；自动语音平行广播功能；话筒插播功能；录音功能；汉语、英语语种合成广播功能；广播区监听、音频打包上传功能；应急广播功能；小区广播功能；消防广播接口功能；系统设备查询功能；网络全双工通信功能；网管功能；优先级访问控制功能；电源自动分配功能及电源保护功能；电源缓启功能；系统设备状态自检功能；功放自动检测功能，发现故障自动倒机；功率放大器超温、超载自动报警功能；负载开路、短路自动检测功能；噪声检测、输出音量自动增益功能；扬声器故障定位功能；无线传送、无线接收功能；状态上传功能；防雷保护功能。

3）监控系统（VM）

监控系统即运用多媒体技术、计算机网络技术，以及音频、视频技术实现对高速铁路车站整个站区内的服务对象和服务设施进行监控，以提高综合管理和服务水平。通过在车站综合监控室设置 DLP 显示大屏，显示监控视频画面、计算机图形图像信息，实现了集中监视、统一管理、联动控制等功能，在突发情况下可作为应急指挥中心使用。

车站监控室如图 4-7 所示。

（1）系统特点。

监控系统采用网络、计算机和接口等技术，接收并执行集成管理平台的指令，实现报警联动、录像管理、设备远程维护及管理等功能。采用 PC 服务器，通过双机热备方式保障系统可靠性。

（a）大型车站

（b）小型车站

图 4–7　车站监控室

（2）系统构成。

监控系统设置摄像机、视频解码器、大屏幕显示墙及客户端操作员站。系统通过视频编码器将视频信号经综合视频监控平台传输到大屏幕显示墙、液晶电视墙及客户端操作员站，工作人员通过视频管理服务器可观看、控制站内视频。

大屏幕显示墙采用 DLP 投影显示技术，各客户操作员站统一设置在集成管理平台，电视监视系统不再单设；在消防控制室、公安办公室分别设置液晶电视墙。监控系统摄像机通常设置在售票窗口室内、售票大厅公共区域、自动售票区域、各候车室内、车站进款室、票据室、求助终端等处。

（3）系统功能。

①监视功能。

车站综合监控室值班员可以通过集成管理平台，进行视频循环显示或手动指定视频在大屏幕显示墙上显示。

②字符叠加功能。

每台摄像机在显示图像上叠加时间、日期、摄像机编号和地点名，字符和录像资料同步打包。

③录像功能。

应具备计划录像的功能，同时具有动态录像、报警联动录像等功能。图像可在中心经传输系统进行网络回放、刻录，能按录像的时间、范围、站名和位置进行分类检索，回放速度可调。

录像设备应能进行实时录像的开启和停止的控制，还可以转换为移动侦测录像或高清晰录像状态。

④摄像机云镜控制。

车站工作人员对可控摄像机的方向（上、下、左、右）、光圈、焦距、倍数进行控制，及时了解现场情况。

⑤预置位功能。

车站工作人员可根据预置位功能将摄像机快速调至预置点或者使多个预置点进行预定规则的切换显示。同时此功能可以很好地与报警功能联动，在维护终端和大屏幕拼墙上及时联动显示报警现场画面。

⑥画面抓拍功能。

在实时浏览和视频回放过程中，车站工作人员可以根据需要对视频进行抓拍保存，以图片形式作为举证的法律依据。

⑦声音监听/回放。

现场浏览监听：通过控制按钮，车站工作人员可以随意监听所有售票窗口的实时现场声音，音视频同步。

录像回放监听：在录像资料回放时，车站工作人员可以收听回放录像中的现场声音。

⑧信息提示功能。

在客户端软件界面上设置当前信息显示区，车站工作人员通过此区域能知道客户端当前状态，显示报警信息。

⑨手动/自动锁屏功能。

车站工作人员不在工位值班时，可以将客户端界面控制区内的所有控制按钮锁死，并且自定义开键密码，只有通过密码才能开启所有的控制按钮。

⑩动态侦测报警功能。

系统在车站某一视频画面设置多个报警防区并设置报警布防时间，在布防时间内，防区画面有任何变动，系统即视为报警发生，同时将报警信息转发给授权用户；无论车站工作人员客户端界面是否正在监看此报警画面，客户端界面都将自动显示报警窗口视频。

⑪录像回放功能。

车站工作人员可以根据时间、地点或者报警类型检索录像记录，同时，录像记录可以随时调用，并按需要进行快进、慢放、单帧进退或者正常的速度播放。车站工作人员可以根据需要对录像记录进行编辑、存储、删除。

⑫录像文件下载。

具有文件检索权限的用户可以检索本地、远程和服务器上的录像文件。可根据主机、通道、日期、时段进行检索、下载与回放。

回放过程中可以实现播放、暂停、停止、快进快退、抓图、录像文件剪辑等功能。

4）时钟系统（CLK）

时钟系统的主要作用是为铁路工作人员和乘客提供统一的标准时间，并为其他各有关系统提供统一的标准时间信号，使各系统的定时设备与该系统同步，从而实现铁路全线统一的时间标准。时钟系统的设置对保证铁路运行计时准确、提高运营服务质量起到了重要的作用。

5）查询系统（IS）

查询系统主要以本地数据库和集成管理平台为主要数据源，采用触摸屏、计算机、多媒体、网络、接口等先进技术，为旅客提供列车、票价、席位、服务设施站区环境等相关信息。

（1）系统特点。

①操作简单。

②界面友好。

③信息丰富。

④响应迅速。

⑤良好的扩充性。

⑥便捷的管理维护。

（2）系统功能。

①车站概况：查询车站平面分布、服务设施、机构职能、服务热线等基础信息。

②客运常识：查询购票常识、安全常识、退票常识。

③旅游信息：查询市区交通图、宾馆信息、旅游信息、站前公交线路及地铁信息。

④行包托运：查询行包托运须知、行包类别及运价、安全检查、托运单填写范例。

⑤到发时刻查询：通过集成平台接口查询列车到发信息，包括车次、到站时间、停靠站台、发车时间、候车地点。

⑥停站查询：查询列车沿线经过的停靠站、到站时间、发车时间、停留时间。

⑦票价查询：实时查询预售期内本站各次列车的商务座、一等座、二等座、软卧、硬卧、硬座等客票余额数；设有按车次、日期等多种查询方式。

⑧查询途经车站、里程、硬座票价、硬卧票价、软卧票价。

⑨系统维护功能。

6）求助系统（HP）

求助是指旅客在车站内使用求助系统的终端设备远程获得车站工作人员帮助的过程。求助系统以求助主机为中心，和所有的分机组成星型结构使值班分机之间可以互相呼叫，而又互不影响，还能够以 n+1 冗余方式保证无阻塞通信。

（1）系统特点。

①管理方便简单。

②求助点定位准确快速。

③系统高度可靠。

④快速高效、准确传达、操作简洁、方便易用。

（2）系统构成。

求助系统由求助主机、值班分机、求助按钮、录音工作站构成。

7）寄存系统（BLS）

寄存系统允许旅客以自助的方式存放小件物品，为旅客提供便捷服务。

系统功能：设置不同尺寸的寄存柜放置旅客小件物品；旅客能够自助存取小件物品；自助寄存设备能够设置密码防止旅客存取错误；自动寄存设备能接受硬币或纸币；自助寄存设备能够打印寄存存根供旅客查验；自动寄存设备可以对寄存的时间和收费额度进行设置；特殊情况下能够强制打开寄存柜；支持远程对寄存柜进行锁定和解锁；寄存柜满时能够提供报警；设置兑零机为旅客兑换硬币；支持收费统计报表；集成管理平台能监控自动寄存设备。

8）安检系统

安检系统通过X射线安全检查设备，对旅客行包进行安全检查，防止旅客携带容易引起爆炸、燃烧、腐蚀、毒害或有放射性的物品及枪支、管制刀具等可能危害公共安全的物品。

安检系统主要由X射线检查系统主机、安检操作台、传输设备等组成。

9）门禁系统（ACS）

门禁系统即出入口控制系统，是对出入口通道进行管制的系统。

门禁系统由软硬件两部分组成，包括识别器、前端设备（读卡器、电动门锁、门磁开关、控制设备等）传输设备及相关软件。

系统功能：进出权限管理，门禁记录功能，实时监控功能，异常报警功能，消防报警监控联动功能，网络设置管理监控功能。

4.2　国外高速铁路客运服务系统

本书对日本、法国、德国3国高速铁路客运服务系统作简要介绍。

4.2.1　日本高速铁路客运（旅客）服务系统

1. 票务服务

日本新干线全部采用计算机联网售票，客运站售票以自动售票为主，人工为辅。通过自动售票机旅客可以方便地查询各次列车的售票情况，选择车次、座别等。车票全部使用电子车（客）票，进、出站的检票和验票工作实现自动化和无人化。车上补票由列车长完成，利用无线售票设备与地面售票系统实现动态的信息对接传输，使每个客运站都能实时准确地掌握每一列车各种席位发售情况和超员情况。

在日本，旅客可在旅行社、一般企业，以及车站等地方购票。具体来说，有以下几种订购票方式：网上或手机预订，预约后的票需要到指定窗口取；从全国的车站“绿色窗口”购买，该窗口可以发售所有车站出发和到达的对号入座客票；通过自动售票机在车站购买；在车上用车内便携式移动终端购买。此外，日本铁路公司还与旅行社合作，乘客可通过旅行社代理购得车票。

2. 站车服务

在日本新干线，站车信息发布主要依靠旅客向导系统。旅客向导系统是COSMOS的一个子系统。COSMOS 系统保有所有运行列车的编组信息（车厢数、指定座席/自由座席分类等），列车信息（列车名称及终点站等）以及旅客向导所需的各种信息。通过应用这些信息，可实现内容详细的自动旅客向导；并且通过利用 COSMOS 列车追踪功能，可准确地掌握旅客向导信息的播放时机。旅客向导系统具有自动广播功能（自动对下一到/发列车等相关信息进行广播）、发车牌控制功能（自动在发车牌上显示下一到/发列车）和消息控制功能（在发车牌上显示故障信息等消息内容，消息内容可在车站或中央平台进行指定）。通过旅客向导系统在车站站台利用显示屏、广播为旅客提供该股道到/发列车信息。在检票口等地方的显示屏上显示列车的车次、时刻、乘车站台等信息，将旅客引导至相应的站台。

新干线上旅客引导设施主要有车站设备和车上设备两部分，直接或间接地向旅客传递乘车、换乘等信息。

车站设备主要包括发车指南显示屏（在车站检票口、大厅、站台等处设置，向旅客传递车次、到达目的地、停车站及时间、自由席车厢号、列车编组等情况）、自动广播（广播列车到站、进站、发车、误点、通过等内容）等，并在车站各处设置明显的引导标志，引导旅客进、出站和换乘。所有旅客信息装置均受车站 PRC（自动列车运行控制装置）系统控制。

3. 附加服务

在新干线车站，旅客除了可以购买指定席、自由席及乘车券等铁路商品外，还可以在车站窗口购买和咨询航空商品等与旅行相关的多种商品。

功能强大的顾客综合销售系统（multi-access reservation system，MARS）与航空公司、旅行公司等其他系统连接，可以为旅客提供住宿预订、出租汽车预订等服务，极大地方便了旅客的出行。

4.2.2 法国高速铁路客运（旅客）服务系统

1. 票务服务

法铁客票的预订与发售，自售占 80%，代售占 20%。目前法铁规定，团体旅客车票预售期为 113 天，散客为 60 天。

（1）车站窗口。分国内和国际窗口，旅客可在窗口购买各种列车的车票。窗口服务的任务是推销商务卡及优惠卡。

（2）自动售票机。目前法铁的自动售票机只发售本国车票。

（3）代售点。法铁与旅行社及一些航空公司建立合作关系，由其代售车票。

（4）互联网。预订后可以凭给出的预订号码，在车站自动售票机输入购票。另外针对特价票，可以在互联网上直接支付，将车票打印出来。

（5）电话预订。拨打 3635 专线订票，4 天前预订免费送票，4 天以内凭银行卡在车站自动售票机取票。采用售票窗口人工换票和自动换票机自助换票两种方式。在列车出发前 5~30 min 可以在自动售票机进行换票。

2. 站车服务

法铁建立了旅客服务系统，高度集成了导向、广播、监控和无线通信设置控制中心，对全路所有239个车站进行集中管控，根据运行时刻表自动发布导向和广播信息。同时，法国运输部为了实现人、车、路综合协调的新境界，提出了5～10年推广智能交通系统整体规划。

站台上设有列车到发显示屏、车厢位置对位电子显示屏、站台座椅、自动售货机、自动扶梯、垂直电梯、时钟、车站标志牌等。站房内设有商店及快餐店、咖啡店、人工售票窗口、问询服务台、自动售票机、自动换票机、自动检票机、列车到发显示屏、车站各种引导标志、广播及摄像监控、行李托管处及少量候车座椅等。车站的候车区域设置较小，这与列车开行密度大，购票、进站乘车方便和车站的商业服务设施齐全有很大的关系。法铁车站内设有专门助残设施提供全面的助残服务，车站基本上是低站台，配备专用站台升降设备，帮助残疾人乘轮椅上车。

3. 附加服务

在法国乘坐列车，可提前通过网上预订停车位，而且乘坐TGV的乘客享受较低的停车价。乘客可携带自行车乘坐大部分TGV列车。

4.2.3　德国高速铁路客运（旅客）服务系统

1. 票务服务

在德国，旅客可提前2个月购买单程票、往返票和联程票，具体有以下几种渠道。

（1）车站窗口售票。高速铁路运输企业在车站租用场地设置售票窗口实行计算机售票。

（2）自动售票机售票。长途自动售票机可售长、短途铁路客票，但只能用信用卡支付；短途自动售票机可售短途客票和地铁票，但只能用现金支付。

（3）网上售票。各次列车提供部分固定座位用于旅客网上购票，旅客在家中只需用普通纸张就可以通过计算机打印出设有专门防伪代码的车票。

（4）电话订票。旅客向高速铁路运输企业的电话服务中心咨询时就可以订票，一般为信用卡支付，电话服务中心可以邮寄车票，旅客也可在自动售票机上取票。

（5）代售。高速铁路运输企业与旅行社有合作关系，旅行社可代理售票业务，商店或个人也可申请代售火车票。

（6）上车补票。如果旅客事先来不及购票，也可上车后补票，每趟旅客列车上的乘务员都随身带有便携式补票机。

2. 站车服务

德铁车站的主要职能是提供3S服务，即服务（service）、安全（sicherheit）、清洁（sauberkeit）。车站建立3S服务中心，通过电视服务系统、SOS求助设施和先进的通信手段等随时为旅客提供服务。3S服务中心24 h监控行李寄存箱、电梯等服务设施和站容卫生，协调全站的生产服务工作，保证服务设施的安全、完好，保持站容整洁卫生。当工作人员在电视监控系统中发现伤残人、老年人或不会使用自动售票机的旅客需要帮助时，可通过通信设备，通知正在为旅客服务的红帽子工作人员（人数约占全站人员的一半），及时迅速地为旅客提供服务。旅客有困难，可以通过SOS设施得到3S服务中心的帮助和信息咨询服务。

德铁依托人机结合方式的旅客引导系统，为旅客提供随时随地的旅行信息咨询服务，实现车站列车信息实时显示，使旅客可以从各种渠道获得旅行信息，方便乘车旅行。经过精心编制的电子时刻表软件不但可以查询旅客列车，还可以电子地图的方式给出街道示意图及换乘地铁汽车信息等。

3. 附加服务

德铁提供上门托运行李服务，并为携带大量行李的旅客、带婴儿的旅客及老人提供专门的更高质量的服务。德铁还提供自行车、汽车、停车场租赁的服务。

【实训】

高速铁路客运服务系统实训

【实训目标】

（1）能够掌握我国高速铁路客运服务系统的相关知识。

（2）能够了解国外高速铁路客运服务系统的相关情况。

（3）培养自主学习能力。

【实训内容与要求】

第一步：由教师介绍实训的目的、方式、要求，调动学生实训的积极性。

第二步：对学生进行分组，确定各小组的组长和人员分工、小组学习方式，制订小组学习计划，了解团队要做什么，要达到什么目的。

第三步：由教师介绍高速铁路客运服务系统讨论的话题。

第四步：各小组对教师布置的问题进行讨论，并记录小组成员的发言。

第五步：根据小组讨论记录撰写讨论小结。

第六步：各小组相互评议，教师点评、总结。

【实训成果与检测】

成果要求：

（1）提交案例讨论记录：3~5 名学生一组，设小组长 1 人、记录员 1 人，每小组必须有小组讨论、工作分工的详细记录，以作为考核成绩的依据。

（2）能够在规定的时间内完成相关讨论，撰写文字小结。

评价标准：

（1）上课时积极与老师配合，积极思考、发言。

（2）认真阅读案例，积极参加小组讨论，分析问题思路较宽。案例分析基本完整，能结合所学理论知识解答问题。

（3）积极参与小组活动，具有团队合作精神。

项目 5

高速铁路客运管理系统

【知识目标】

- 掌握高速铁路客运营销策划系统体系结构；
- 了解高速铁路客运管理信息系统体系结构。

【技能目标】

- 能够根据高速铁路客运营销策划系统构成与功能完成工作；
- 能够根据高速铁路客运管理信息系统结构与功能完成工作。

【学习重点及难点】

- 学习重点：高速铁路客运营销策划系统体系结构、高速铁路客运管理信息系统体系结构。
- 学习难点：高速铁路客运营销策划系统构成与功能、高速铁路客运管理信息系统结构与功能。

【本章知识结构图】

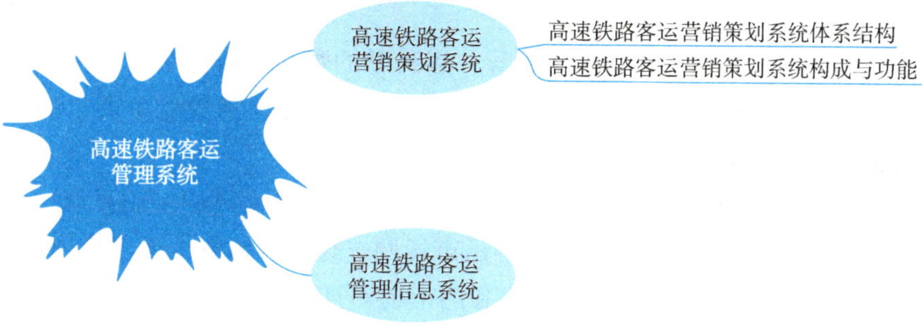
高速铁路客运管理系统
高速铁路客运营销策划系统
高速铁路客运营销策划系统体系结构
高速铁路客运营销策划系统构成与功能
高速铁路客运管理信息系统

5.1 高速铁路客运营销策划系统

市场营销策划系统以现代营销理念为指导，以科学的数据分析方法为支撑，以先进的信息技术为手段，构建反应敏捷、实时决策、优化方案、综合评价、适应竞争要求的高效系统，为各类管理人员提供信息服务和决策支持。

高速铁路客运营销策划系统是面向高速铁路内部经营管理人员的应用系统，其以铁路运力资源为基础，以客运市场变化为依据，形成客运市场调查与分析预测、运营策划、分析与评价 3 个模块。其中，市场调查与分析预测模块以完备的市场调查手段与分析方法，及时准确地掌握客运市场动态，预测未来的市场发展趋势，提供客流调查分析与预测结果信息；运营策划模块利用既有客流信息、客流预测信息、运能运力信息，实现客运产品设计，并提供多种备选设计方案；分析与评价模块以经营效益为核心，针对不同的用户对象，提供日常管理过程中的客运生产情况的统计查询功能，事后的分析、评价功能，为管理者提供决策支持。

5.1.1 高速铁路客运营销策划系统体系结构

高速铁路客运营销策划系统为一级架构两级管理。上级系统以数据仓库为核心，完成客票数据、客服数据、路网数据、地理信息、列车信息、市场信息的采集，数据质量检查，数据的清洗、转换和加载整合，同时在数据仓库上开发市场调查与分析、列车开行方案设计、销售策略制定、票价策略制定、智能分析评价、客户关系管理等应用，为铁路客运营销分析提供强有力的信息和技术支持。

下级系统主要完成市场调查数据的采集，数据上传到上级市场营销策划系统。下级系统的营销分析、预测、决策、策划、开行方案设计等工作，由下级系统提交上级系统进行处理，其结果下发给调用者。

市场营销策划系统可以划分为数据层、数据通信与采集层、数据存储与管理层、应用层和信息访问层。整个系统依托网络基础设施，由业务平台支撑，在安全保障体系和运行管理体系的基础上运行。

5.1.2 高速铁路客运营销策划系统构成与功能

1. 系统管理子系统

系统管理子系统是保证市场营销策划系统运行秩序而提供的系统级管理、维护与监控手段。

1）时钟同步

实现与外部时钟源进行时钟同步，并确保整个市场营销策划系统内部各节点时钟同步。

2）用户管理

对访问和接入客运市场营销策划系统的各个用户和节点进行角色和权限的分配，对其进行身份认证和管理，对其作业情况进行记录，形成日志。

3）版本管理

通过软件版本自动检测，实现对应用软件版本的自动升级和手动升级。

4）接口管理

对访问接口的用户进行认证和管理；对数据传输状态、数据加载结果、数据访问者与访问对象记录进行管理；依据数据接口协议，对输入的信息进行合法性检查；记录对接口调用的日志。

5）数据库/数据仓库管理

对数据库/数据仓库的运行、性能、数据的组织和存储情况进行监控和管理。

6）网络管理

对网络通信状态进行监控和管理，保证系统网络通道的稳定与连通。

7）应用系统管理

通过对系统内应用服务器、终端等节点进行实时的监控和管理，对系统故障和隐患进行报警。

2. 数据管理子系统

数据管理子系统是对业务范围内进入和存储在系统中的数据进行有效管理，确保数据随时间、空间的持续可用性在出现硬件问题、人为错误或发生灾难情况下保证业务运行稳定性的同时，对数据实施保护和加密策略，防止非授权访问和违规修改。

3. 市场调查与分析预测子系统

市场调查与分析预测子系统通过完备的市场调查手段与分析方法，完成长、短期的常规和专项客流调查与分析预测，帮助业务管理人员及时准确地掌握客运市场动态，为业务决策提供信息支持。

1）市场调查

通过信函、问卷、互联网、电话等多种调查方法和途径，获取市场信息。调查、获取的信息按指定规则加载入库。

2）数据的编辑、修正和审核

对市场调查数据中存在空缺值、噪声的数据和不一致的数据进行编辑，能按规则进行修正、审核及校验。

3）市场分析

对交易历史数据和市场调查数据，使用科学的市场分析理论和方法进行分析，寻找反映市场规律的特征，以图表等多种方式进行展现。

4）市场预测

以成熟的数据挖掘技术为基础，以科学、先进的预测分析方法为指导，在充分的市场分析的基础上，实现对客运市场的预测分析。

4. 辅助决策子系统

1）旅客运输计划

根据不同时期、不同情况的客流特征，编制长短期、常规和专项旅客运输计划。

2）开行方案设计

（1）开行方案信息收集与管理。对开行方案制订所需要的各类信息进行收集、管理，为开行方案提供信息支持，以灵活、直观、界面友好的方式为开行方案设计人员提供完备的统计、查询、维护服务。

（2）旅客列车开行方案设计。基于市场调查与分析预测数据、客流图数据和客流组织方案数据、旅客运输资源数据，设计各种范围、各种时期的列车开行方案。通过多种手段、不同角度对列车开行方案进行展现。

（3）列车编组方案设计。根据列车开行的区段和客流分析，编制列车编组方案。

（4）车底周转方案。根据列车开行方案，计算客车车底的周转时间和车底需要数，编制客车车底周转图，以图形、表格等多种方式展现，方便客运管理人员查询、调整、修改。

（5）乘务方案。根据列车开行方案及乘务基地的分布，遵循乘务制度、相关劳动法规，建立数学模型，确定最佳乘务方案。

（6）季节性开行方案。对不同时期、不同条件的客流变化，根据其季节性、节假日、大型集会等时期的客流变化规律、动车组备用情况及其他运输能力条件等，编制符合不同时期、不同条件客流特征的短期、专项运行方案。

（7）开行方案临时调整。在出现突发客流或突发事件时，基于现行的开行方案，自动获取指定线路的可用动车底、乘务班组、空闲时刻，合理地调整一列或一组列车运行方案，临时更改列车的运行区间、经由、时刻、编组等配置，以应对突发客流，并及时输送旅客。

3）销售策略制定

通过研究分析多种影响因素，制定相应的销售策略。销售策略制定子系统包括以下功能。

（1）影响因素分析。通过对市场细分、旅客行为、售票渠道、客票种类、席位特征、支付方式、客票预售预订、售票收入、销售人员业绩等影响因素进行分析，为制定销售策略提供数据基础。

（2）销售策略制定。基于营销影响因素的分析和客运营销相关信息，优化和设计合理、有效的销售策略，包括客运产品推广方案制订、销售渠道规划、销售终端分布、奖励机制调整等。

（3）整体效益最大化策略。基于历史销售及市场预测情况，制定预售期内的客票销售方案，在销售过程中根据市场需求变化和销售情况分线、分车次地对车票用途和运用区间进行实时调整，达到整体效益最大化。

（4）销售策略修正与调整。通过对实施销售策略前、后销售交易记录的对比分析，利用评价指标对实施的销售策略进行分阶段的定性、定量跟踪分析，根据分析评价结果进行销售策略综合评判，提出销售策略的修正、调整建议。

4）票价策略制定

（1）价格因素分析。使用灵活、多样、高效的分析方法分析得出影响价格的因素，就相关因素对价格的影响程度做出评价。

（2）票价策略制定。在给定利润目标、销售额目标、市场占有率目标、社会效益目标的前提下，制定满足目标要求的车票票价策略建议方案。给定的目标可以是单目标，也可是多目标组合。

（3）运价决策模拟。在给定客车开行方案条件下，对不同定价策略下客运收益情况的测算进行对比分析和评价，提出既定客车开行方案下的定价策略建议和相同定价策略下开行方案建议。

（4）票价折扣策略制定。在指定运输环境下，制定、评估票价折扣策略。

（5）票价策略模型的调整及模型自适应。以灵活、直观的方式对票价策略进行展现，票价策略中用到的各种数据分析、预测、评价模型能够进行自适应、反馈式学习。

5. 分析评价子系统

分析评价子系统依据铁路客运经营效果分析评价指标体系，实现客运指标统计查询展现、旅客列车效益分析、列车开行方案评价、客运资源运用评价的功能，并在实践中检验客运指标体系的有效性、合理性，提出客运指标体系改进的建议方案。

1）客运经营效果分析评价指标体系及管理

建立完整的客运经营效果分析评价指标体系，设置客运指标规则模型库，指标的定义、计算规则等能够动态增加或修改。根据客运指标体系应用的有效性、合理性，提出客运指标体系改进的建议方案。

2）客运统计及查询

按照用户指定的条件，基于系统存储的客运信息资源、指标计算方法，灵活快速地统计各种客运指标，并以表格、图形等多种方式展现。

3）旅客列车效益分析

以旅客列车作为考察对象，按照不同时段、不同范围、可供选择的灵活分析方法，对列车效益进行分析。应用列车效益分析功能，对现行列车或拟开列车的效益进行分析评价，提供决策支持信息。

4）列车开行方案评价

以旅客列车开行方案作为考察对象，进行效率分析、收入分析和多角度的方案综合评价。

5）列车编组方案评价

以旅客列车编组方案作为考察对象，对其进行分析和评价。

6. 客户关系管理子系统

客户关系管理子系统是在“以客户为中心”的服务理念指导下，以高效的客户关系管理方法为基础，以信息技术为依托，以收集全面、一致的用户信息，服务于客运专线客运服务系统各个子系统为目标的系统。它是客运服务系统与客户之间交换信息的平台，也是整个客运服务系统实现客户信息有效整合的必要手段。客户关系管理包括客户档案管理、客户等级管理、客户信息查询与维护、客户交易信息管理、客户培育管理、客户分析、客户资源计划制定等功能。

1）客户档案管理

通过客户管理窗口、互联网、电子邮件、短信、传真、电话、信件等不同的渠道获取客户信息，能够对客户档案信息进行维护和分类管理，对客户的注销行为进行分析。

2）客户等级管理

基于客户标志对客户进行积分计算、等级分析、优惠等级管理。以此为基础对客户进行分级管理，从而对不同的客户群提供差异性、个性化服务。

3）客户信息查询管理

根据灵活设置的查询条件对客户信息进行查询，查询结果能够以表格、曲线图、折线图、饼状图、柱状图、散点图等多种方式展现。

4）客户服务管理

在收集客户服务信息的基础上为客户提供客户接触、信息分类、客户问候、客户提醒等服务功能。

5）客户交易信息管理

以客户为基础，将有关客户交易的信息进行收集、加工、处理和存储，处理后的数据信息按要求以静态报表、动态报表和查询的方式展现。

6）客户培育管理

对客户培育主题、培育目标、培育手段、培育计划、客户回访、项目状态、项目负责人进行记录和管理，能够对历史客户培育项目进行查询。

7）客户分析

依据客户关系管理系统收集的客户的档案信息和互动信息、旅客服务系统收集的客户互动信息，以及票务系统产生的售票、订票、退票等生产数据，对客户行为进行全方位的定量、定性分析。

8）客户资源计划制定

为引导客户消费制定有针对性的营销计划。

5.2 高速铁路客运管理信息系统

高速铁路客运管理信息系统是利用信息化手段全面提高客运管理的效能，使相关运输企业领导能及时了解高速铁路人力资源、现场运输、安全、客流各方面的运营情况，为他们进行宏观决策提供依据。

高速铁路客运管理信息系统可以加强客运安全生产管理，加强基层站段业务管理，实现内部业务管理自动化。它是提高客运管理水平、提高工作效率及合理分配资源所必需的，是提高服务质量、树立良好铁路形象的需要，也是提高铁路竞争力的有效手段之一。

高速铁路客运管理信息系统对客运服务各方面的信息进行整合管理，与其他系统共同配合协作。

高速铁路客运管理信息系统由客运部客运管理信息系统、车站客运管理信息系统、列车客运管理信息系统、乘务中心客运管理信息系统组成。客运部客运管理信息系统是为国铁集团、客运专线公司或铁路局客运组织管理部门而设计的，为领导决策提供支持；车站客运管理信息系统主要对车站的客运人员、客运设备、客运组织生产过程、客运生产完成情况进行管理，同时对其管内车站的客运人员、设备、运输计划、完成情况等进行管理；列车客运管理信息系统主要管理列车上客运组织及旅客服务的信息（列车及上级部门和旅客服务的信息）；乘务中心客运管理信息系统主要是对列车服务人员、设备、旅客组织管理等有关信息的管理。

1. 客运管理部客运管理信息系统功能

客运管理部主要实现对全铁路局客流资料、客运能力、列车开行方案、运行方案和列车编组进行管理，以及对客运设备进行维护，制定、修改、发布各种规章制度、标准规范等。客运管理信息系统基本功能如下。

1）客流资料管理

客流资料管理包括对管内或直通客流的统计、预测等信息进行管理。

2）客运能力管理

客运能力管理包括对管内所有客运设备能力的台账管理，可按能力、数量、运用年限、运营状态、维修和更换记录的信息进行分类管理。

3）列车开行方案管理

列车开行方案管理包括对所有旅客列车开行方案的数据信息进行统计、分析等管理。

4）列车运行方案管理

列车运行方案管理包括对所有旅客列车运行方案的数据和信息进行统计、分析等管理。

5）列车编组管理

列车编组管理包括对所有旅客列车的编组状况分席别的统计、查询、分析管理。

6）收集、统计、分析、查询管内车站的信息

收集、统计、分析、查询管内车站的信息，包括对管内所有车站人员、设备、安全状况，任务完成情况等信息的统计、分析与查询。

7）客运规章、电报、文件等管理

客运规章、电报、文件等管理包括对上级相关文件、规章、电报等信息的备案及执行情况的管理。

2. 车站客运管理信息系统功能

车站客运管理主要是为旅客的购票、候车、乘车、乘降、进出站的活动进行管理，包括对客运人员、客运站基本设施、旅客出行安全的管理，以及对其所辖中间站的管理。车站客运管理信息系统的主要功能如下。

1）客运人员管理

客运人员管理包括对车站工作人员性别、年龄、工龄、学历、职务等基本信息的管理。

2）班组管理

班组管理包括对车站班组成员、责任、奖惩、分工等信息的管理。

3）客运设备台账信息查询

客运设备台账信息查询包括设备价格、购买日期、功能、折旧、维修等信息的管理。

4）客运指标及完成情况管理

客运指标及完成情况管理包括对车站各项指标完成情况的统计、查询与分析管理。

5）安全管理

安全管理包括对车站行车、客运安全方面的管理。

6）旅客候车、进出站通道使用计划管理

旅客候车、进出站通道使用计划管理包括车站内各种服务设施、服务通道运用情况的统计与分析管理。

3. 乘务中心客运管理信息系统功能

乘务中心的主要职责是对乘务人员、乘务人员交路进行管理，对列车的卧具、用品、备品

进行管理，对班组、出乘及退勤的管理，以及对设备台账的管理等。乘务中心客运管理信息系统的主要功能如下。

1）乘务员管理

乘务员管理包括对乘务员性别、年龄、工龄、学历、职务等基本信息的管理。

2）乘务员交路管理

乘务员交路管理包括工作时间、工作区段、交接班等管理。

3）列车卧具、备品管理

列车卧具、备品管理包括列车卧具、备品数量、损坏情况、使用期限等信息的管理。

4）仓库材料管理

仓库材料管理包括材料种类、数量、需求量等的管理。

5）班组管理

班组管理包括班组成员、分工、职能、联系处所、奖惩等信息的管理。

6）中心设备台账管理

中心设备台账管理包括中心设备种类、数量、完好程度、所有权、价值、功能等信息的管理。

7）出乘及退勤管理

出乘及退勤管理包括作业标准及乘务员执行情况的管理。

4. 列车客运管理信息系统功能

客运专线公司列车客运管理信息系统主要包括车上办公系统、车上席位管理系统、补票系统等。列车客运管理信息系统主要功能如下。

1）席位利用管理

席位利用管理包括各次列车、各席别应用情况（上座率和旅客到站情况）的管理。

2）列车密度表管理

列车密度表管理包括列车在各区段运行状况和能力运用状况等信息的管理。

3）乘务报告管理

乘务报告管理包括各次列车和乘务组出乘状况、乘务记录等信息的管理。

4）台账资料管理

台账资料管理包括对规章制度、文件、电报、命令等信息的管理。

5）异常情况处理管理

异常情况处理管理包括对旅客乘车偶发事件（漏乘、疾病等）和列车运行意外或突发事件的管理。

6）车补收入统计管理

车补收入统计管理包括对列车补票的票额、区段等信息的管理。

7）出勤及退勤管理

出勤及退勤管理包括车务组出退勤的时间、工作时间和标准的执行情况信息的管理。

【实训】

高速铁路客运管理系统实训

【实训目标】

（1）能够掌握高速铁路客运营销策划系统、高速铁路客运管理信息系统的相关知识。

（2）培养自主学习能力。

【实训内容与要求】

第一步：由教师介绍实训的目的、方式、要求，调动学生实训的积极性。

第二步：对学生进行分组，确定各小组的组长和人员分工、小组学习方式，制订小组学习计划，了解团队要做什么，要达到什么目的。

第三步：由教师介绍高速铁路客运管理系统的讨论话题。

第四步：各小组对教师布置的问题进行讨论，并记录小组成员的发言。

第五步：根据小组讨论记录撰写讨论小结。

第六步：各小组相互评议，教师点评、总结。

【实训成果与检测】

成果要求：

（1）提交案例讨论记录：3~5 名学生一组，设小组长 1 人、记录员 1 人，每小组必须有小组讨论、工作分工的详细记录，以作为考核成绩的依据。

（2）能够在规定的时间内完成相关讨论，撰写文字小结。

评价标准：

（1）上课时积极与老师配合，积极思考、发言。

（2）认真阅读案例，积极参加小组讨论，分析问题思路较宽。案例分析基本完整，能结合所学理论知识解答问题。

（3）积极参与小组活动，具有团队合作精神。

项目 6

铁路客运记录与铁路电报

【知识目标】

- 了解铁路客运记录的填写规定；
- 掌握铁路电报的拍发范围。

【技能目标】

- 能够根据铁路客运记录的编写范围来完成工作；
- 能够根据铁路电报的拍发规定来完成工作。

【学习重点及难点】

- 学习重点：铁路客运记录的填写规定、铁路电报的拍发范围。
- 学习难点：铁路客运记录的编写范围、铁路电报的拍发要求。

【本章知识结构图】

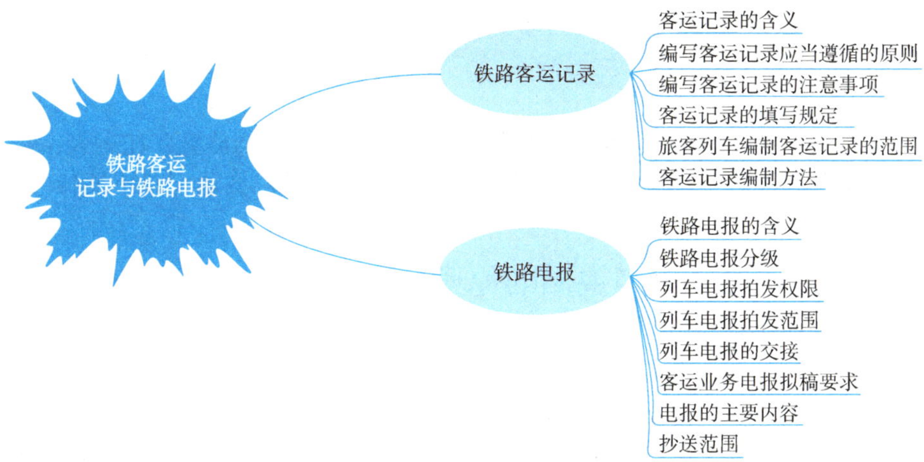
铁路客运
记录与铁路电报
铁路客运记录
客运记录的含义
编写客运记录应当遵循的原则
编写客运记录的注意事项
客运记录的填写规定
旅客列车编制客运记录的范围
客运记录编制方法
铁路电报
铁路电报的含义
铁路电报分级
列车电报拍发权限
列车电报拍发范围
列车电报的交接
客运业务电报拟稿要求
电报的主要内容
抄送范围

6.1 铁路客运记录

6.1.1 客运记录的含义

客运记录是指在旅客、行包运输过程中因特殊情况，承运人与旅客、托运人、收货人之间需记载的某种事项或车站与列车之间办理业务交接的文字凭证。客运记录不能作为乘车凭证，更不能代替车票乘车。

6.1.2 编写客运记录应当遵循的原则

（1）仅限于站车交接使用。

（2）记录第一行应明确写出××站或××站公安派出所。

（3）记录内容应精练，层次清楚，叙事完整，目的明确。

（4）记录词句应本着实事求是的原则，做到具体、准确，记录内容不应似是而非、含糊不清。

（5）涉及交接人时，要注明乘车区段、有无车票、移交理由等。如果移交的是病人，还要注明病因、病况、处理过程、旁证材料等事项。在移交精神病旅客时，要根据其车票移交到站或换乘站，对于无票的精神病患者要移交给最近的三等及以上车站处理。

（6）涉及的数字、名称、单位、姓名、性别、年龄、发到站、座别、时间、伤势状态等应尽量准确。

（7）涉及退票款内容应记录原票种类、发到站、票号、座别、铺别、后补票号及应退票价（票号字头应抄全）。

（8）涉及交接票时，要注明发到站、票种、票号、票价、有效期、席别、铺别、移交原因等主要事项。

（9）涉及交接物品时，要注明品名、件数、移交原因等主要事项。

（10）涉及交接危险品时，要注明危险品的品名、数量，携带人的单位、地址、姓名、车票情况，已采取的应急措施、移交原因等主要事项。

（11）移交旅客遗失物品时，在能判明旅客下车站时应注明旅客的下车站。

（12）记录词句不应出现命令、质问、强制性及不尊重站方的语句。

6.1.3 编写客运记录的注意事项

（1）内容要符合铁路的规章制度。

（2）移交附带材料、人民币、证件、档案材料时，一定要在客运记录上注明。

（3）凡是交接的记录一定要由接收人签字。

（4）记录存根要根据需要保存备查。

（5）客运记录保管期限为 1 年。

6.1.4 客运记录的填写规定

（1）据实填写，事项齐全。编写客运记录应内容准确、具体、详细、完整，如实反映情况，不得虚构、假想、臆测。

（2）语言简练，书写清楚。记录语言要简明扼要，条理清楚，说明问题。字体要清楚，不得潦草，不写自造简化字。

（3）客运记录应有顺序编号，加盖编制人名章。客运记录一式两份，一份交接收人，另一份由接收人签字后由编制人自己留存。

6.1.5　旅客列车编制客运记录的范围

（1）客运记录直接交给旅客，由旅客到站自行办理退票的范围如下。

①旅客丢失证件，重新买票或补票后，在到站下车前，经核实无误，需退还重新买票的票款时。

②车站发售卧铺重号，列车无能力安排时。

③因车辆故障中途甩车、线路中断等，应退还旅客票款或票价差额时。

④因空调故障，应退还旅客票款或票价差额时。

⑤发现误售、误购车票，需由正当到站退还旅客票款差额时。

（2）编制客运记录交车站值班人员，需车站值班人员签认，由车站协助办理的范围如下。

①旅客误乘列车或坐过站，交前方停车站免费送回时。

②对无票乘车、违章乘车，拒绝按章补票的人员，责令其下车，移交县市所在地车站或三等及以上车站处理（旅客的到站近于上述移交站时，应交其到站处理）时。

③旅客携带物品超重、超大或携带妨碍公共卫生的物品、动物，以及可能损坏或污染车辆的物品，无钱或拒绝补交运费，移交车站处理时。

④发现旅客携带国家禁止或限制运输的物品、危险品，移交最近前方停车站或有关车站处理时。

⑤旅客在列车上发生急病或因病死亡，移交县、市所在地或三等及以上车站处理时。

⑥因意外伤害（包括区间坠车），导致旅客伤亡移交有关车站处理时。

⑦旅客纠纷发生伤害，将受伤者、死亡者移交有关车站处理时。

⑧列车上发现无人护送的精神病患者，移交到站或中转站处理时。

⑨发现违章使用各种乘车证，移交车站或转交有关部门处理时。

⑩发现车站多收票款或运费，转交车站退款时。

⑪发现列车装载的行李、包裹品名不符，但不属于有意伪报一般品名者，以及发现实际重量与票面记载的重量不符，移交到站补收运费时。

⑫发现列车装载的行李、包裹中有政府限制运输的物品或危险品而伪报其他品名，移交到站或前方停车站处理时。

⑬伪报品名的行李、包裹损坏其他旅客的行李、包裹时，应分别编制客运记录说明情况，并应分别附在伪报品名的和被损坏的行李、包裹票上，移交有关到站处理。

⑭列车接到发站行李、包裹变更运输（包括行李误运）电报时，应编制客运记录，连同行李、包裹和运输报单，交前方营业站转运，或交变更后新到站。旅客在列车上要求变更时，同样办理。

⑮列车上发现旅客因误购、误售车票而误运行李时，其托运的行李在本列车装运，应编制客运记录，交前方营业站或中转站向正当到站转运。

⑯发现无票装运的行李、包裹交到站按章补收运费时。

⑰行李、包裹在运输途中发生事故，移交到站处理时。

⑱其他与车站办理的交接事项。

6.1.6 客运记录编制方法

1. 编制方法

(1) 编号填在右上角，标明月份和序号（如1月份第1张客运记录编号为0101）。

(2) 事由栏：注明交接主要事项。

(3) 受理单位：站名（或车次）。

(4) 内容：日期、车次；运行区段、姓名、性别等；处理经过；落款（所属站、段、车次、列车长印章、日期）。

2. 编制实例

1) 持“挂失补”车票正常到站乘车

【举例】

2021年8月18日，G103次列车（北京南—上海虹桥），中国铁路北京局集团有限公司（以下简称北京铁路局）北京客运段担当乘务工作，旅客张××，身份证号1102111985×××× 0653，持北京南站至济南西站的“挂失补”车票，08车08A号，票号Q135680。

旅客持“挂失补”车票正常到站情况下编制的客运记录示例如图6-1所示。

北京铁路局　　　　客统—1

客 运 记 录

第 0801 号

记录事由：旅客持“挂失补”车票到站退款

济南西站：

2021年8月18日，G103次列车旅客张××，身份证号1102111985×××× 0653，持北京南站至济南西站的“挂失补”车票，08车08A号，票号Q135680，经确认席位使用正常，可办理退票。现移交你站，请按章办理。

特此记录

注：

1. 站、车需要编制记录时使用。
2. 本记录不能作为乘车凭证。

站段 编制人员　　（印）

站段 签收人员　　（印）

2021年8月18日编制

图6-1　旅客持“挂失补”车票正常到站情况下编制的客运记录示例

【编制说明】

（1）旅客持 2021 年 8 月 18 日北京南站至济南西站的 G103 次列车车票，开出北京南站的时间是 6:20，到达济南西站的时间是 8 月 18 日 8:01，列车长在济南西站到站前确认席位使用正常的情况下才能编制客运记录，所以编制记录时的日期为“2021 年 8 月 18 日”。

（2）客运记录中一定要注明“席位使用正常，可办理退票”。

2）持“挂失补”车票越站乘车

【举例】

2021 年 8 月 18 日，G103 次列车（北京南—上海虹桥），北京铁路局北京客运段担当乘务工作，济南西站开车后，旅客王××，身份证号 2305121990××××0318，持北京南站至济南西站的“挂失补”车票，08 车 09A 号，票号 C352172，要求越站乘车至南京南站，列车按规定补收济南西站至南京南站的车票，票号 T125826。

旅客持“挂失补”车票越站乘车情况下编制的客运记录示例如图 6-2 所示。

北京铁路局　　客统—1

客 运 记 录

第 0802 号

记录事由：移交持“挂失补”车票越站乘车旅客

南京南站：

2021 年 8 月 18 日，G103 次列车旅客王××，身份证号 2305121990××××0318，持北京南站至济南西站的“挂失补”车票，08 车 09A 号，票号 C352172，自北京南站至济南西站区间席位使用正常，可办理退票；自济南西站至南京南站区间越站乘车，票号 T125826。现移交你站，请按章办理。

特此记录

注：

1. 站、车需要编制记录时使用。
2. 本记录不能作为乘车凭证。

站段　编制人员　（印）

站段　签收人员　（印）

2021 年 8 月 18 日编制

图 6-2 旅客持“挂失补”车票越站乘车情况下编制的客运记录示例

【编制说明】

（1）旅客持 2021 年 8 月 18 日北京南站至济南西站的 G103 次“挂失补”车票，北京南站开车时间是6:20，旅客要求越站乘车到南京南站，到达南京南站的时间是8月18日10:40，列车长在南京南站到站前确认席位使用正常的情况下才能编制客运记录，所以编制记录时的日期为“2021年8月18日”。

(2) 客运记录中越站的车票与“挂失补”车票的区间、票号都要填记清楚。

(3) 客运记录中一定要注明“席位使用正常，可办理退票”。

3) 持“挂失补”车票中途下车

【举例】

2021年8月18日，G103次列车（北京南—上海虹桥），北京铁路局北京客运段担当乘务工作，旅客赵××，身份证号3202192000××××0573，持北京南站至上海虹桥站的“挂失补”车票，05车01A号，票号P536218，要求在无锡东站下车，经确认席位使用正常。

旅客持“挂失补”车票中途下车情况下编制的客运记录示例如图6-3所示。

北京铁路局　　客统—1

客 运 记 录

第 0803 号

记录事由：移交持“挂失补”车票中途下车旅客

无锡东站：

2021年8月18日，G103次列车旅客赵××，身份证号3202192000××××0573，持北京南站至上海虹桥站的“挂失补”车票，05车01A号，票号P536218，要求在无锡东站下车，经确认席位使用正常，可办理退票。现移交你站，请按章办理。

特此记录

注：

1. 站、车需要编制记录时使用。
2. 本记录不能作为乘车凭证。

站/段 编制人员 （印）

站/段 签收人员 （印）

2021年8月18日编制

图6-3 旅客持“挂失补”车票中途下车情况下编制的客运记录示例

【编制说明】

(1) 旅客持2021年8月18日北京南站至上海虹桥站的G103次列车车票，北京南站开车时间是6:20，到达无锡东站的时间是8月18日11:27。旅客要求在无锡东站下车，列车长在无锡东站到站前确认席位使用正常的情况下才能编制客运记录，所以编制记录的日期为“2021年8月18日”。若到达无锡东站前，确认席位使用正常时，已是第二天，则编制客运记录的日期为

“2021 年 8 月 19 日”。

（2）客运记录中一定要注明“席位使用正常，可办理退票”。

6.2　铁路电报

6.2.1　铁路电报的含义

铁路电报是处理运输生产业务的通信工具，是办理紧急事务公文的表现形式。铁路电报在办理铁路内部业务时使用，列车运行中发生临时紧急情况需通知有关部门，或本次列车不能解决，需请示立即支援或向领导汇报时，均可拍发铁路电报。

6.2.2　铁路电报分级

铁路电报等级按电报的性质和急缓程度，分为以下 6 种。

1. 特急电报（T）

特急电报指非常紧急的命令、指示，处理重大、大事故，人身伤亡事故，重大灾害及敌情的电报。

2. 急报（J）

急报指国铁集团及所属公司、铁路局的紧急命令、指示、时间紧迫的会议通知、列车改点、变更到站和收货人、车辆甩挂、超限货物运行，以及行车设备施工、停用、开通、限速的电报，国际公务电报及其他时间紧迫的电报。

3. 限时电报（X）

限时电报指限定时间到达的电报。根据需要与可能，由用户与电报所商定，在附注栏内填记送交收电单位的时间。

4. 列车电报（L）

列车电报指处理列车业务，必须在列车到达以前或在列车到达当时送交用户的电报。

5. 银行汇款电报（K）

银行汇款电报指银行办理铁路汇款业务的电报，按急报处理。

6. 普通电报（P）

普通电报指上述 5 类以外的电报。

6.2.3　列车电报拍发权限

旅客列车列车长和执行各项列车乘务工作的负责人员均可拍发列车电报。执行列车乘务工作的负责人，在同一区段内不得重复拍发同一内容的电报。临时列车乘务工作负责人拍发电报时，应写明经由区间，并在附注栏内注明本次列车在发报站的开车时间。

下列情况不准拍发电报：处理个人私事（由组织处理职工个人的问题不在此限）；已经有

文电的重复通知；倡议书、感谢信；公用乘车证丢失声明；由于工作不协调，互相申告（执行列车乘务工作的负责人在列车运行中向上级领导汇报列车运行中发生的问题不在此限）；报捷、祝贺、吊唁（铁路局处以上单位或其负责人不在此限）；产品、书刊等的广告。

6.2.4 列车电报拍发范围

（1）列车运行中因意外伤害，导致旅客重伤或死亡时，应立即向上级主管部门及铁路局有关主管部门拍发事故速报（条件允许时，应先以电话方式汇报事故概况）。发生重大、大事故时还应立即向国铁集团客运主管部门和所属铁路局及发生地有关铁路局、站、段拍发事故速报。事故速报内容：事故种类；发生日期、时间、车次；发生地点、车站、区间里程；伤亡旅客姓名、性别、国籍、民族、年龄、职业、单位、地址；车票种类，发到站、票号，身份证号码；事故及伤亡简况。

（2）发生和发现重大行包事故，应立即向国铁集团、所在地铁路局拍发事故速报并抄送有关单位（中转站、行包到站、公安部门等）。速报内容：事故等级；发生日期、时间、车次；发生地点、车站、区间、里程；票号、发到站；事故简要情况。

（3）遇特殊情况，途中发生餐料不足，应向前方客运（列车）段拍发电报，请求补充，抄送其主管铁路局。

（4）专运列车或车辆在中途临时需要补充备品时，应发电报给前方客运（列车）段（无客运段时为车站），请求支援，抄送其主管铁路局和车辆配属段。

（5）列车行包满载、列车严重超员，要求前方各站控制装载量及客流，以确保安全正点时，应电告各站，抄送各主管铁路局，必要时抄送国铁集团主管部门。

（6）列车发生重大刑事案件，急需侦破时，应向国铁集团、所在地铁路局、公安部门、铁路派出所拍发电报，抄送本铁路公安局、乘警支队。

（7）在列车上办理补收款额而发现少收票价、运费时，应给旅客发站（段）及其主管铁路局收入检查室拍发电报。

（8）列车广播设备（属电务部门维修）中途发生故障，需紧急处理时，电告前方站广播工区前来维修，并抄送本铁路局电务（通信）段（广播工区）。

（9）列车有关业务声明澄清责任时，应向有关站（段）发电报，抄送国铁集团、铁路局主管业务部门。

（10）处理旅客误购、误售车票，若旅客托运了行李，应发电报通知行李所在站。

（11）遇列车空调失灵，应电告前方停车站停售、停检本次车空调票。

（12）其他紧急情况。

拍发电报时电文应字迹清楚，抄送单位不宜过多，可以不抄送的单位应免去。凡是可以用电话或书面反映的问题不必拍发电报。

6.2.5 列车电报的交接

列车电报一般交有电报所的车站拍发。所担当的列车各停靠站是否有电报所，列车长要提前了解，做到心中有数。

特殊情况可委托无电报所的车站代转。

电报编制一式两份，一份交车站，一份签收留存。

电报发出后应设法索取电报号码。

6.2.6 客运业务电报拟稿要求

1. 明确主送、抄送单位

（1）主送单位是指具体的受理单位或主办单位（不论单位大小，主要受理单位列最前位）。列车长必须清楚担当沿线铁路局、车务段的管辖区段。例如，北京铁路局与郑州铁路局分界站是安阳，属郑州铁路局；武汉铁路局与广州铁路局的分界在蒲圻站，属武汉铁路局。

（2）抄送单位是指知晓、协助办理、督促、备案、仲裁的单位（一般先上级后下级依次排列，担当段列最后位）。

2. 拟编电文的方法

（1）电文应以报告、汇报的形式写出，禁止使用命令、指责、指示、质问的词句。

（2）电文的语句应本着实事求是的原则，做到具体准确，不应似是而非，含糊不清。电文的数据、百分比、术语名称、尺寸、病情、伤势、姓名、性别、单位、年龄、时间、区间、站名等应当尽量准确。

（3）电文的语句，不应出现自我推断的语言，特别是关系到事件的性质、责任的，不可妄下结论。

（4）发收报单位名称应准确，不应出现错误或根本不存在某一单位的现象。

（5）电文叙述要简练，层次、顺序清楚，目的明确。

（6）出现突发情况，由于时间紧张、情况复杂、条件限制，一时无法做到完全准确，应在电文中声明“详情正在调查，特此报告”字样。

（7）涉及乘警、乘检（随车机械师）人员事件，列车长应召集“三乘（乘务、乘警、乘检）一体”会议，对拟发电文进行商议，尽量取得一致意见，将看法不一致的语句修改为事件客观状况，并由“三乘”负责人共同签字再发。

6.2.7 电报的主要内容

（1）主送：发生问题、解决问题的直接单位。

（2）抄送：发生问题、解决问题的直接单位的有关上级领导机关和本单位的有关上级领导机关。

（3）内容：日期、车次、区间、问题、经过、处理。

（4）落款：车次、日期、发电报的站名、列车长的姓名。

6.2.8 抄送范围

（1）抄送范围根据不同情况而定，一般情况下，铁路局局管内的事项，不抄报到国铁集团，涉及两局以上的事项，应根据情况抄报有关铁路局业务部门。

（2）涉及路风问题，应抄送各级路风办。

（3）涉及铁路乘车证问题，应抄送劳资、财务部门。

（4）涉及行车安全问题，应抄送各级安监室。

（5）涉及急性传染病时，应主送疾病预防控制中心及卫生主管部门。

（6）遇到涉外问题时，应抄送公安和外事部门。

【实训】

铁路客运记录与铁路电报实训

【实训目标】

（1）能够编制客运记录。

（2）能够拍发铁路电报。

（3）培养初步的自主学习能力。

【实训内容与要求】

第一步：由教师介绍实训的目的、方式、要求，调动学生实训的积极性。

第二步：对学生进行分组，确定各小组的组长和人员分工，制订小组实训计划（了解团队要做什么，要达到什么目的）。

第三步：教师介绍铁路客运记录与铁路电报的相关知识和案例并布置讨论的问题。

第四步：各小组对教师布置的问题进行讨论，并记录小组成员的发言。

第五步：根据小组讨论记录撰写讨论小结。

第六步：各小组相互评议，教师点评、总结。

【实训成果与检测】

成果要求：

（1）提交案例讨论记录：3~5 名学生一组，设小组长 1 人、记录员 1 人，每小组必须有小组讨论、工作分工的详细记录，以作为考核成绩的依据。

（2）能够在规定的时间内完成相关的讨论，撰写实训小结。

评价标准：

（1）上课时积极与老师配合，积极思考、发言。

（2）认真阅读案例、积极参加小组讨论、分析问题思路较宽。能结合所学知识解答问题。

（3）富有团队合作精神，积极参与小组活动。

项目 7

铁路国际旅客联运

【知识目标】

- 了解国际旅客联送的相关知识；
- 了解参加国际联运的国家。

【技能目标】

- 能够根据国际联运相关规定来完成相关工作。

【学习重点及难点】

- 学习重点：国际联运的概念。
- 学习难点：国际联运的旅客运送。

【本章知识结构图】

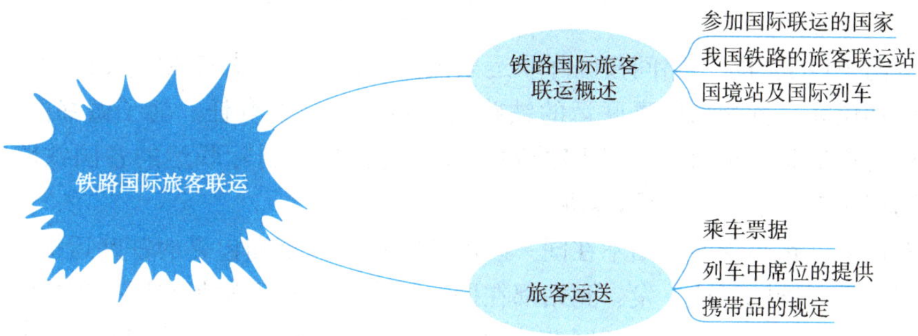
铁路国际旅客联运
铁路国际旅客联运概述
参加国际联运的国家
我国铁路的旅客联运站
国境站及国际列车
旅客运送
乘车票据
列车中席位的提供
携带品的规定

7.1 铁路国际旅客联运概述

凡两个或两个以上国家铁路间按国际联运票据办理的旅客、行李和包裹的运送，即为国际旅客联运。参加旅客、行李和包裹联运的铁路间，负有相应的责任。为了做好国际铁路旅客、行李和包裹的直通联运，明确各国铁路的利益和责任，参加国际联运的各国铁路机关缔结了《国际旅客联运协定》（简称《国际客协》）。

国际铁路旅客联运是指发到站不在同一国内的旅客、行李和包裹的铁路运输，包括海铁联运。下列情况不属于国际联运：发、到站都在同一国内；发、到站都在同一国内，只是用发送国的列车、车厢过境另一国运送；两国车站间，用发送国或到达国铁路列车、车厢过境未参加国际客协的第三国运送。

7.1.1 参加国际联运的国家

目前，采用《国际客运运价规程》（简称《国际客价》）的国家铁路有下列国家的铁路。

白俄罗斯铁路 BC（白铁）；

越南铁路 DSVN（越铁）；

哈萨克斯坦铁路 KZH（哈铁）；

中国铁路 KZD（中铁）；

朝鲜铁路 ZC（朝铁）；

拉脱维亚铁路 LDZ（拉铁）；

立陶宛铁路 LG（立铁）；

蒙古铁路 MTZ（蒙铁）；

俄罗斯铁路 RZD（俄铁）；

吉尔吉斯斯坦铁路 KRG（吉铁）；

土库曼斯坦铁路 TRK（土铁）；

爱沙尼亚共和国铁路 EVR（爱铁）。

7.1.2 我国铁路的旅客联运站

《国际客运运价规程》中规定的办理国际旅客联运的车站叫作联运站。

我国铁路现有 28 个旅客联运站：北京、北京西、大同、天津、衡阳、长沙、汉口、郑州、呼和浩特、集宁、二连、沈阳、长春、丹东、哈尔滨、牡丹江、满洲里、绥芬河、桂林、南宁、凭祥、乌鲁木齐、阿拉山口、昆明北、河口、山海关、开元、宜良。

7.1.3 国境站及国际列车

国与国之间邻接的车站称之为国境站，我国现有国际旅客联运的国境站见表 7-1。

表 7-1　国境站站名

路别	中文	拉丁字母
中铁 朝铁	丹东	DANDONG
	新义州	SINYDJU
中铁 越铁	凭祥	PINGXIANG
	河口	HEKOU
	同登	DONGDANG
	老街	LAOKAI
中铁 哈铁	阿拉山口	ALASHANKOU
	多斯特克	DOSOYK
中铁 俄铁	满洲里	MANZHOULI/MANTCJURUA
	绥芬河	SUIFENHE
	后贝加尔	ZABAIKALSK
	格罗迭科沃	GRODEKOWO
中铁 哈铁	二连	ERLIAN
	扎门乌德	DZMYN-UDE

我国铁路与其他国家铁路之间现有国际旅客列车见表 7-2。

表 7-2　国际旅客列车

路别	车次	开行次数	经由
中、蒙、俄	K3/K4	每周一次	北京—乌兰巴托—莫斯科
中、俄	K19/K20	每周一次	北京—满洲里—莫斯科
中、朝	K27/K28	每周四次	北京—丹东—平壤
中、蒙	K23/K24	每周一次	北京—二连—乌兰巴托
中、俄	K607/K608	每周两次	哈尔滨东—绥芬河—符拉迪沃斯托克/哈巴罗夫斯克
中、蒙	4602/4603/4604/4601	每周两次	呼和浩特—二连—乌兰巴托
中、哈	K895/K896	每周两次	乌鲁木齐—阿拉山口—阿拉木图
中、越	T5/T6	每周两次	北京西—凭祥—河内
中、越	5933/5934	每周两次	昆明北—河口—河内

7.2　旅客运送

7.2.1　乘车票据

国际联运中规定的乘车票据包括：客票、卧铺票和补加费收据。乘车票据的样式分为两种，一种是人工票（是传统的乘车票据，主要在没有实现电子计算机联网的国家发售）；另一种是电子票。我国铁路目前只发售前一种乘车票据，但同时承认其他国家发售的电子票。

册页票本，由票皮和相应的乘车票据（册页客票、卧铺票、补加费收据）组成，并按客票、卧铺票和补加费收据的顺序订入票皮后，即成为册页票本。册页票本中必须有票皮和客票，如缺少票皮或客票，视为无效，发现后铁路部门应予没收。

1）客票

客票是证明铁路同旅客间缔结运输合同的基本票据。《国际客协》规定的客票为册页客票，如果有少数国家铁路间有单独协议，也可采用卡片客票（尺寸 31 mm×57 mm，一等票印成绿色，二等票印成褐色）。

客票颜色、尺寸、种类：客票按填写方法分为固定册页客票（浅粉色底纹特种水印白纸印制，105 mm×148 mm）和补充册页客票（用粉色底纹水印白纸印制，192 mm×86 mm，手写式补充册页客票的尺寸为 105 mm×148 mm）；按等级分为软席车（一等）票和硬席车（二等）票；按乘车方向分为单程客票和往返客票；按乘车人数分为散客票和团体票。

册页票本票皮和册页客票，用发送国文字及中文、德文和俄文中的两种文字印制，卡片客票可只用发送国和到达国文字印制。

客票上应载有下列主要事项：发站和到站名称；印制的客票号码；经路；车厢等级；客票票价；客票有效期；客票发售日期；发售客票的铁路名称。

2）卧铺票

旅客乘坐卧车和座卧车时，除客票外，还应有占用相应铺位的卧铺票。

卧铺票的尺寸、颜色、种类：卧铺票的种类与客票相同，按办理方式还可以分为签认和未签认票（即“OPEN”票）。卧铺票的尺寸为 105 mm×148 mm，卧铺票用浅绿色底纹特种水印白纸印制，卧铺票收据用浅绿色底纹不带水印的白纸印制，卧铺票存根用不带底纹和水印的白纸印制。用电子方式办理的卧铺票用淡褐色底纹白纸印制，尺寸为 192 mm×86 mm。

旅客凭卧铺票，不论夜间或白天，均有权使用卧铺；但乘坐卧车时，仅限在夜间（21:00 次日 7:00）有权使用卧铺，并免费提供卧具，每套卧具的使用时间为 5 昼夜。卧铺票任何情况下均没有减成。

卧铺票上应载明下列主要事项。

（1）“MC”字母和铁路代号（用电子方式办理的卧铺票为“MC”字母、发售卧铺票铁路的代码和代号）。

（2）发站和到站名称。

（3）经路。

（4）发车日期和时分、车次、车厢号和铺位号。

（5）车厢等级和铺位种类。

（6）人数。

（7）卧铺票票价。

（8）发售卧铺票的铁路名称。

（9）卧铺票发售日期。

（10）发售卧铺票的车厢所属铁路名称。

3）补加费收据

当变更经路、等级，同一经路上分乘不同等级车厢等情况下，需开具补加费收据。客票和卧铺票差价应分别单独开具补加费收据，其他项目可开具同一张补加费收据。

补加费收据尺寸为 105 mm×148 mm，由两联组成：白纸印制的存根和浅蓝色底纹特种水印白纸印制的补加费收据。用电子方式办理的补加费收据用绿色底纹白纸印制，尺寸为 192 mm×86 mm。

4）免费乘车证

国际联运中允许使用的免费乘车证有：铁路公用免费乘车证、铁路一次性私用免费乘车证、国际旅客列车国内段免费乘车证。

7.2.2　列车中席位的提供

（1）车内席位提供应按照各铁路国内规章执行，并根据旅客所持的客票办理，乘坐卧车和座卧车时，还应根据所持卧票办理。

每名旅客一般只有权占用 1 个铺位。但是根据旅客请求，且当有空闲席位时，铁路可以在办理往程乘车手续时，为旅客在卧车内提供单独包房。此时，旅客应按包房中实际铺位数支付客票费和卧铺费。

在运行途中由铁路工作人员向其他人员提供实际未占用但已购买的席位，只有征得所购乘车票据享用单独包房的旅客同意才能办理。在这种情况下，该旅客有权领回至到站剩余里程的乘车票价，但旅客旅行全程实际占用席位的客票票价和卧铺票费除外。在乘车票据上由车长做相应记录。

（2）如由于车厢在发站或运行途中被摘下，或由于席位售重，不能给旅客提供符合其客票和卧铺票的等级和种类的席位时，旅客可拒绝乘车或拒绝占用较低等级和种类的席位。

铁路可向旅客提供较高等级和种类的席位。在这种情况下，不核收客票和卧铺票的票价差额。

如列车中不能为旅客提供席位，则铁路必须将旅客及其行李安置到按同一经路或其他经路开往同一到站的另一列车上，而不核收票价差额，并协助旅客尽可能少耽误时间抵达到站。

7.2.3　携带品的规定

旅客在不违反规定的前提下，有权免费携带轻便物品。携带品应放置于列车内规定的地方。

1）携带品的范围

（1）免费携带品的总重量：成人旅客每人不得超过 35 kg，未满 12 周岁的儿童每人不得超过 15 kg。折叠式儿童手推车或残疾人轮椅如属于乘车的儿童或残疾人，不计算在免费重量以内。

在外交信使占用的单独包房内，允许运送 200 kg 以内的外交邮件和行李。这种情况下，应按包房内的铺位数支付客票和卧铺费。超过免费运送携带品标准的外交邮件，按手提行李办理，交付行李运费。

（2）国际直通联运车厢内，禁止旅客随身携带动物，室内动物（狗、猫、禽鸟等）除外，但只准在硬席（2 等）车厢内运送，且一个包房不得超过 2 只，并须按包房内的铺位数支付客票票价和卧铺费［狗、猴每只按硬席（2 等）车票价的半价核收运费］。在铁路不能提供单独包房运送动物的情况下，不准许以上述方法运送。

旅客应看管好随身携带的动物，若违反卫生要求，须负完全责任，并须适当地清扫车厢，承担因违反运送规定造成的一切损失。

2）禁止按携带品运送的物品

（1）可能损坏或弄脏车厢和其他旅客或其携带品的物品。

（2）易燃品、自燃品、爆炸品、放射性物质、腐蚀性和毒害性的物品。

（3）装有弹药的武器。

（4）能引起感染或具有恶臭气味的物品。

（5）海关规定禁止运送的物品。

（6）长、宽、高三个方向长度总和超过 200 cm 的大件物品。

3）旅客不遵守携带品运送规定时，铁路单位可拒绝运送旅客

铁路单位如怀疑有旅客违反了携带品运送规定时，有权检查携带品，检查时，旅客应在场。

【实训】

铁路国际旅客联运实训

【实训目标】

（1）能够掌握铁路国际联运的相关知识。

（2）培养自主学习能力。

【实训内容与要求】

第一步：由教师介绍实训的目的、方式、要求，调动学生实训的积极性。

第二步：对学生进行分组，确定各小组的组长和人员分工、小组学习方式，制订小组学习计划，了解团队要做什么，要达到什么目的。

第三步：由教师介绍铁路国际旅客联运的讨论话题。

第四步：各小组对教师布置的问题进行讨论，并记录小组成员的发言。

第五步：根据小组讨论记录撰写讨论小结。

第六步：各小组相互评议，教师点评、总结。

【实训成果与检测】

成果要求：

（1）提交案例讨论记录：3~5 名学生一组，设小组长 1 人、记录员 1 人，每小组必须有小组讨论、工作分工的详细记录，以作为考核成绩的依据。

（2）能够在规定的时间内完成相关的讨论，撰写文字小结。

评价标准：

（1）上课时积极与老师配合，积极思考、发言。

（2）认真阅读案例，积极参加小组讨论，分析问题思路较宽。案例分析基本完整，能结合所学理论知识解答问题。

（3）积极参与小组活动，具有团队合作精神。

参考文献

[1] 郑州铁路局. 高速铁路客运. 北京：中国铁道出版社，2012.

[2] 闫莹娜，王慧，王珏. 高速铁路客运乘务实训教程. 成都：西南交通大学出版社，2017.

[3] 惠利霞，高琦. 铁路站车客运业务问答. 北京：中国铁道出版社，2013.

[4] 杜五一，纪书景，刘敬杪. 铁路客运业务基本知识. 北京：中国铁道出版社，2012.

[5] 裴瑞江. 铁路客运综合知识解答. 北京：中国铁道出版社，2011.